Robert Meyer

Erhöhung der Prozesssicherheit durch Beherrschung der Bauteilabweichung beim Fügen im Karosseriebau

TUDpress

Dresdner Fügetechnische Berichte
Herausgeber: Prof. Dr.-Ing. habil. U. Füssel

Herausgeber: Prof. Dr.-Ing. habil. U. Füssel
Technische Universität Dresden
Professur Fügetechnik und Montage
01062 Dresden

Tel.: 0351 / 4633 4347
Fax: 0351 / 4633 7249

Robert Meyer

Erhöhung der Prozesssicherheit durch Beherrschung der Bauteilabweichung beim Fügen im Karosseriebau

TUD*press*

2012

Bibliografische Information der Deutschen Bibliothek
Die Deutsche Bibliothek verzeichnet diese Publikation in der Deutschen Nationalbibliografie; detaillierte bibliografische Daten sind im Internet unter <http://dnb.ddb.de> abrufbar.

Bibliographic information published by Die Deutsche Bibliothek
Die Deutsche Bibliothek lists this publication in the Deutsche Nationalbibliografie; detailed bibliographic data is available in the Internet at <http://dnb.ddb.de>

ISBN 978-3-942710-59-6

Zugl.: Dresden, Techn. Univ., Diss., 2011

Verlag der Wissenschaften GmbH
Bergstr. 70 | 01069 Dresden
Tel.: 0351/47 96 97 20 | Fax: 0351/47 96 08 19

Satz und Redaktion: Robert Meyer

Printed in EU.

Erhöhung der Prozesssicherheit durch Beherrschung der Bauteilabweichung beim Fügen im Karosseriebau

Von der Fakultät Maschinenwesen
der Technischen Universität Dresden

zur Erlangung des akademischen Grades
Doktor-Ingenieur
genehmigte Dissertation

von
Robert Meyer
geboren am 15.04.1980 in Suhl

Tag der Einreichung: 25.01.2011
Tag der Verteidigung: 02.11.2011

Gutachter: Prof. Dr.-Ing. habil Uwe Füssel
Prof. Dr.-Ing. Michael Rethmeier

Vorwort

Die vorliegende Arbeit entstand während meiner Tätigkeit als Doktorand in der Konzernforschung der Volkswagen AG.

Ich möchte hiermit Herrn Prof. Dr.-Ing. habil. Uwe Füssel, Leiter der Professur Fügetechnik und Montage am Institut für Oberflächen- und Fertigungstechnik der TU-Dresden, für die Betreuung meiner Arbeit und die Übernahme des Referates danken.

Ebenso geht mein besonderer Dank an Herrn Prof. Dr.-Ing. Michael Rethmeier, Leiter der Professur Sicherheit gefügter Bauteile am Institut für Werkzeugmaschinen und Fabrikbetrieb der Technischen Universität Berlin, für die Übernahme des Koreferates.

Einen herzlichen Dank möchte ich auch an Herrn Prof. Dr.-Ing. Sven Jüttner für die fachliche Unterstützung und Förderung während der Doktorandenzeit aussprechen.

Den Herren Dr.-Ing. Volker Frey und Dr. rer. nat. Franz Glatz möchte ich für die Rückendeckung und den Ansporn während der Fertigstellung der Arbeit danken.

Nicht zuletzt möchte ich mich bei Frau Dr. rer. pol. Anne Lohoff, meinen Eltern und bei meinen Freunden für die Unterstützung und die Geduld in den letzten Jahren danken.

Inhaltsverzeichnis

Abbildungsverzeichnis

Tabellenverzeichnis

Glossar

Bauteilabweichung: Abweichung eines von der Konstruktion vorgeschriebenen Merkmalswertes vom Soll Merkmalswert.

Fehler: Ein Fehler in einer Schweißverbindungen liegt vor wenn die Unregelmäßigkeiten ein unzulässiges Maß annimmt.

Geometrisches Prozessfenster: Methode zur Darstellung der Robustheit gegenüber Bauteilabweichungen.

Robuster Fügeprozess: Ein robuster Fügeprozess ist definiert als ein Prozess der, im Vergleich zu einem weniger robusten Fügeprozess, es ermöglicht in einem größeren Bereich von äußeren Störungseinflüssen, wie zum Beispiel geometrischen Schwankungen der Bauteile, eine fehlerfreie Verbindung zu erzeugen.

Toleranz: Zulässige Größe der Abweichung. Eine von der Konstruktion vorgeschriebene Größe in der ein Merkmalswert, zum Beispiel eine Länge, vom vorgeschriebenen Sollwert abweichen darf.

Unregelmäßigkeit: Fehlstelle in einer Schweißung oder eine Abweichung von der vorgegebenen Geometrie der Verbindung.

Verzeichnisse verwendeter Abkürzungen und Formelzeichen

Formelzeichen	Einheit	Bedeutung
Ar	-	Argon
A_{80}	%	Bruchdehnung (Messlänge 80mm)
A_{gt}	%	Dehnung bei Höchstzugkraft im Zugversuch
A_t	%	Bruchdehnung im Zugversuch
b	mm	Breite
CO_2	-	Kohlenstoffdioxid
d_{Lmin}	mm	Minimaler Schweißlinsendurchmesser
d_{Lmin}	mm	Maximaler Schweißlinsendurchmesser
d_{Pmin}	mm	Minimaler Schweißpunktdurchmesser
d_{Pmax}	mm	Maximaler Schweißpunktdurchmesser
d_F	μm	Fokusdurchmesser
F	kN	Kraft
f	mm	Einbrandtiefe
F_m	kN	Höchstzugkraft im Zugversuch
F_{Schw}	kN	Schweißkraft
I	A	Stromstärke
l	mm	Länge
l_f	mm	Einspannlänge
$l_ü$	mm	Fügestellenüberlappung
N_B	-	Bruchschwingspielzahl
P	mm	Zwischenlagenabstand
P_L	kW	Laserleistung
R_m	MPa	Zugfestigkeit
$R_{p0,2}$	MPa	0,2% Dehngrenze
S	mm	Spalt zwischen den Blechen
t	mm	Blechdicke
t_E	mm	Elektrodeneindrucktiefe
t_S	ms	Schweißzeit
U	V	Spannung
V	mm	Versatz der Blechenkante
v_D	m/min	Drahtvorschubgeschwindigkeit Zusatzwerkstoff
v_S	mm/s	Schweißgeschwindigkeit
v_T	mm/min	Prüfgeschwindigkeit im Zugversuche

Abkürzung	**Bedeutung**
CMT	Cold Metal Transfer
i.O.	in Ordnung
LASER	Light Amplification by Stimulated Emission of Radiation (engl.: Lichtverstärkung durch Induzierte Emission)
MSG	Metallschutzgas(-Schweißen)
Nd:YAG	Neodym-dotierter Yttrium-Aluminium-Granat(-Laser)
n.i.O.	nicht in Ordnung
PA	Wannenposition (nach DIN EN ISO 6947)
PB	Horizontalposition (nach DIN EN ISO 6947)
ZSB	Zusammenbau

1. Einleitung und Zielstellung

Seit über 100 Jahren werden Fahrzeuge in Form der Massenproduktion gefertigt. Ein wesentlicher Produktionsbereich ist dabei nach wie vor der Karosseriebau. Hier werden aus zugeschnittenen und umgeformten Einzelteilen Rohkarosserien gefügt und die eigentliche Form des Fahrzeuges hergestellt. Bis auf wenige Verbindungen im Sichtbereich sind die meisten dieser Verbindungen für den Endkunden des Produktes, also den Fahrer eines Fahrzeuges, nicht mehr sichtbar. Die Verbindungen verschwinden hinter Verkleidungsteilen, unter Teppichen, sind von einer Lackierung verdeckt oder befinden sich an völlig unzugänglichen Bereichen der Fahrzeugkarosserie. Aus diesem Grund liegt die Anforderung der meisten Verbindungsstellen weniger bei einem guten Aussehen, sondern bei einer kostengünstigen Herstellbarkeit und dem Erreichen der konstruktiv vorgesehenen Festigkeit.

Auch wenn sich die Einzelteile auf den ersten Blick sehr ähnlich sehen, gleicht kein Teil dem anderen. Bei üblichen Produktionseinheiten in der automobilen Kompaktklasse von bis zu 2000 Fahrzeugen am Tag ist es auch nicht möglich, dass zum Beispiel jedes Bodenblech exakt die gleiche Form und Gestalt wie ein anderes hat. Geringfügig unterschiedliche Ausgangsmaterialien, Verschleiß von Vorrichtungen, die Herstellung auf verschiedenen Vorrichtungen und Produktionsanlagen oder gar die Herstellung bei einem externen Zulieferbetrieb führen zu einer individuellen Herkunft vieler Bauteile mit unterschiedlichen Abweichungen.

Durch diese Bauteilabweichungen der Einzelteile entstehen beim Zusammenbau im Karosseriebau Spalte und Kantenversätze im Bereich von Fügestellen. Die Prozessfenster der Fügeverfahren sind bezüglich geometrischer Abweichungen im Bereich der Fügestelle beschränkt und bei extremen geometrischen Schwankungen kommt es, wie in Abbildung 1.1 dargestellt, zu fehlerhaften Verbindungen. Dies ist auch die Ursache für die meisten fehlerhaften Verbindungen im Karosseriebau und die Ursache von hohen Kosten durch zusätzliche Nacharbeit und Ausschuss.

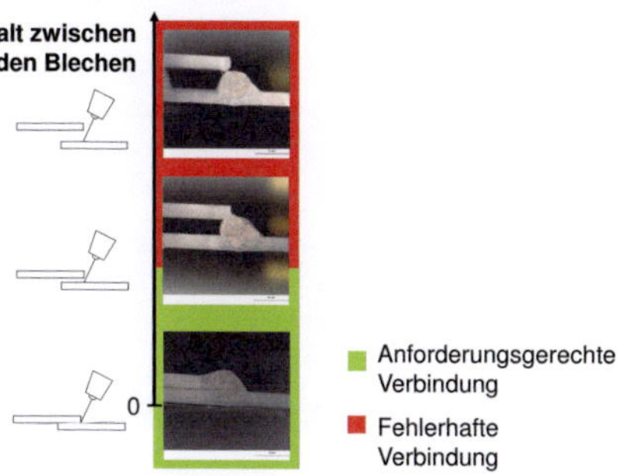

Abbildung 1.1.: Auswirkung eines Spaltes beim MSG-Schweißen

Kundenwünsche, neue Anforderungen im automobilen Umfeld und ein hart umkämpfter Markt haben in den letzten Jahren neue Forderungen für Fahrzeuge und einen Wandel im Karosseriebau mit sich gebracht. In direkter Konsequenz war die Fügetechnik gezwungen sich schnell auf neue Bedingungen einzustellen um Fahrzeuge wirtschaftlich zu produzieren.

Solche sich ändernden Bedingungen waren stets Treiber für die Forschung und Entwicklung neuer Fügeverfahren. Zu den aktuell stärksten Treibern zählen, neben dem stets bestehenden Trend einer Steigerung der Wirtschaftlichkeit, die zunehmende Flexibilisierung im Karosseriebau, der anhaltende Leichtbau und die steigenden Anforderungen an Fahrzeuge.

Aus diesem Grund lag in den letzten Jahren der Fokus der Forschung im Bereich der Fügetechnik des Karosseriebaues bei den folgenden Schwerpunkten:

- das Fügen von alternativen Karosseriebauwerkstoffen wie Magnesium, Aluminium, hochfester Stahlwerkstoffe oder von werkstofflichen Mischverbindungen;
- die Steigerung der Wirtschaftlichkeit durch schnellere und effizientere Fügeverfahren wie zum Beispiel dem Laserstrahlschweißen mit einer höheren Schweißgeschwindigkeit;
- die virtuelle Darstellung von Fügevorgängen und Fügeverbindungen mit dem Ziel der Verfahrensentwicklung oder der Minimierung von negativen Begleiterscheinungen beim Fügen, wie beispielsweise das Einbringen von Wärme.

Die Treiber der Fügetechnik führten allerdings auch zu den nachfolgend dargestellten Folgen für die Fügetechnik.

Eine wachsende Modellvielfalt, eine steigende Variantenzahl je Modell bei sinkenden Stückzahlen je Variante und kürzeren Produktionszyklen führten zu einer Flexibilisierung im Karosseriebau. Eine schwerwiegende Folge für die Fügetechnik ist vor allem, dass durch diese Flexibilisierung die Vielfalt der zu fügenden Teile zunimmt. Aus Gründen der Emissions- und Verbrauchsreduzierung und zur Verbesserung des Fahrverhaltens war und wird auch für die nächste Zeit der Leichtbau ein sehr dominierender Treiber für die Entwicklung neuer Fügetechniken sein. Die Fahrzeugkarosse trägt sehr stark zum Gesamtgewicht des Fahrzeuges bei und bietet somit auch ein großes Potential zur Gewichtsreduzierung. Nicht nur bedingt durch den Leichtbau, sondern auch wegen stetig steigender Anforderungen an das Fahrzeug aus Gründen der passiven Sicherheit und den steigenden Steifigkeitsanforderungen, werden verstärkt hoch und höchstfeste Stahlgüten eingesetzt. Mit zunehmender Werkstofffestigkeit treten größere Streuungen bei den Werkstoffeigenschaften wie zum Beispiel der Streckgrenze auf. In Folge dessen haben Bauteile mit zunehmender Festigkeit eine größere Streuung in der Rückfederung und es können beim Zusammenbau größere Abweichungen im Bereich der Fügestelle auftreten. Durch eine zunehmende Teilevielfalt, durch die Flexibilisierung im Karosseriebau und durch den Einsatz neuer hochfester Werkstoffe ist die Entwicklung abzusehen, dass größere Abweichungen im Bereich der Fügestellen entstehen.

Ziel dieser Arbeit ist es die Prozesssicherheit im Umgang mit Bauteilabweichungen zu erhöhen. Dies wird durch robuste Fügeverfahren oder robuste Parametersätze ermöglicht. Die Bauteile sollen dabei nicht an die Fügetechnik angepasst werden, sondern die Fügeprozesse an die Bauteile mit ihren Abweichungen.

Im Nachfolgenden wird die Problemstellung dieser Arbeit hergeleitet und aufbauend darauf die Untersuchungsschwerpunkte abgeleitet.

1.1. Herleitung der Problemstellung anhand der Schweißbarkeit

Die **klassische Schweißbarkeit** eines Bauteiles ist nach [76] vorhanden, wenn der Stoffschluss durch Schweißen mit einem gegebenen Schweißprozess bei Beachtung eines geeigneten Fertigungsablaufes erreicht werden kann. Dabei müssen die Schweißverbindungen hinsichtlich ihrer örtlichen Eigenschaften und ihres Einflusses auf die Konstruktion, deren Teil sie sind, die gestellten Anforderungen erfüllen. Sie ist also, wie in Abbildung 1.2 dargestellt, durch Werkstoff-, Konstruktions- und Fertigungseigenschaften definiert. [76, 11]

Abbildung 1.2.: Definition der Schweißbarkeit [76]

Werkstoffliche Faktoren sind dabei die chemische Zusammensetzung (bestimmend beispielsweise für Sprödbruch-, Alterungs-, Heißrissneigung oder das Schmelzbadverhalten), die metallurgischen Eigenschaften (zum Beispiel die Gefügeausbildung) und die physikalischen Eigenschaften (zum Beispiel die Festigkeit, die Schmelztemperatur oder das Ausdehnungsverhalten). [76, 11]

Konstruktive Faktoren sind dabei die konstruktive Gestaltung (zum Beispiel Anordnung der Schweißnähte, Werkstückdicke, Steifigkeitsunterschiede oder Kraftfluss im Bauteil) und der Beanspruchungszustand (zum Beispiel die Art und Größe der Beanspruchung, Korrosion, Beanspruchungsgeschwindigkeit oder Temperatur). [76, 11]

Faktoren der Fertigung beinhalten Maßnahmen der Vorbereitung zum Schweißen (zum Beispiel Schweißstoßart oder Form der Schweißnahtvorbereitung), die Ausführung der Schweißarbeiten (zum Beispiel die Wärmeführung, die Wärmeeinbringung, das Vorwärmen, der Fertigungsablauf, die Art der Schweißzusätze, sowie der Hilfsstoffe und die Schweißfolge) und die Maßnahmen zur Nachbehandlung (zum Beispiel die Wärmenachbehandlung, das Schleifen oder das Beizen). [76, 11]

Dass es dennoch im Produktionsablauf zu fehlerhaften Schweißverbindungen kommt zeigt, dass es sich dabei nur um naturwissenschaftliche Gesetzmäßigkeiten handelt, mit denen unter „Laborbedingungen“ Verbindungen erzeugt werden können. Die dabei in einer Produktion auftretenden Störungen der Verfahren, zum Beispiel durch Anlagenausfälle oder den Bedienereinfluss, sind in einem übertragbaren Modell der Schraubbarkeit nach [33] mit dem Faktor der **Prozesssicher-**

heit erweitert wurden. Die Prozesssicherheit ist dabei charakterisiert durch die Stabilität der Schweißprozesse. Im automatisierten Karosseriebau werden Fehler durch Anlagenausfälle minimiert, indem eine technische Verfügbarkeit vorgeschrieben ist und vor dem geplanten Einsatz der Produktionsgeräte Maschinenfähigkeitsuntersuchungen durchgeführt werden. Anlagenausfälle in automatisierten Karosseriebauanlagen sind sehr kostenintensiv, da im Vergleich zur manuellen Fertigung die Auslastung der Fertigungsanlage und die gefertigten Stückzahlen sehr hoch sind.

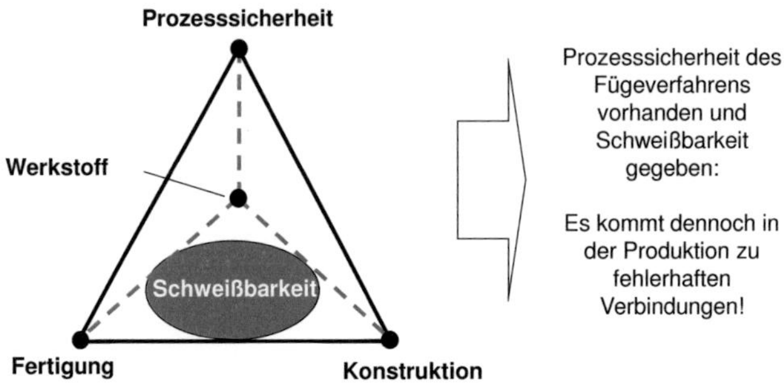

Abbildung 1.3.: Fehlerhafte Verbindungen trotz vorhandener Schweißbarkeit der Fügeaufgabe und vorhandener Prozesssicherheit der Schweißverfahren

Trotz gegebener Schweißbarkeit des Bauteiles und einer vorhandenen Prozesssicherheit der Fertigungsanlagen, treten bei dem Schweißen in der Produktion von Karosseriebauteilen Verbindungsfehler auf (vgl. Abbildung 1.3). Eine Hauptursache für Fehler bei dem Schweißen in der Produktion von Karosseriebauteilen sind geometrische Abweichungen der Bauteile. Aus diesem Grund besteht die Notwendigkeit sich mit dem Einfluss der Bauteilabweichungen auf die Schweißbarkeit ausführlich zu beschäftigen. Zur Veranschaulichung ist in Abbildung 1.4 die **Bauteilabweichung** als separater Faktor der Schweißbarkeit dargestellt.

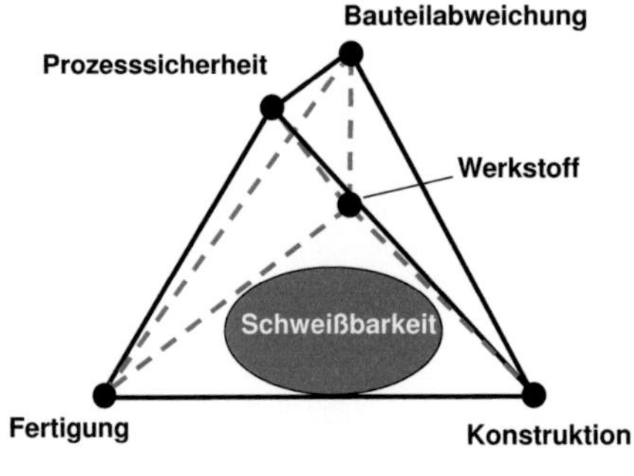

Abbildung 1.4.: Erweiterung der Schweißbarkeit um den Faktor der Bauteilabweichung

Zwischen den Bauteilabweichungen bestehen Abhängigkeiten zu traditionellen Faktoren der Schweißbarkeit, sowie der Prozesssicherheit. So treten an unterschiedlichen Stellen der Karosserie unterschiedlich große Bauteilabweichungen auf. Es besteht hierbei eine Abhängigkeit von der Konstruktion. Dabei bedingen Faktoren der konstruktiven Gestaltung, wie die Bauteildicken, die Anordnung der Schweißnähte, die Steifigkeit der Bauteile oder die Zugänglichkeit, beispielsweise für Spanntechnik, die Größe der aufgetretenen Abweichungen. Die Bauteilabweichung besitzt eine weitere Abhängigkeit vom Werkstoff. Zum Beispiel kommt es mit zunehmender Werkstofffestigkeit bei kaltumgeformten Karosseriebauteilen durch größere Abweichungen in der Rückfederung zu größeren Bauteilabweichungen. Ebenso wird mit zunehmender Werkstofffestigkeit der Umgang mit Bauteilabweichungen durch Spanntechnik, durch die Notwendigkeit höherer Spannkräfte, erschwert. Die Bauteilabweichungen besitzen ebenso eine Abhängigkeit von fertigungsbedingten Faktoren. So entstehen an Karosseriebauteilen Schwankungen in ihrer Form und Lage durch unterschiedliche Fertigungsbedingungen im Karosseriebau (zum Beispiel durch Verschmutzung der Spanner, Vorrichtungstoleranzen und die abweichende Genauigkeiten der Roboter) oder durch Unterschiede in den vorgelagerten Fertigungsschritten wie dem Presswerk (zum Beispiel Umformgeschwindigkeit, Ausrichtgenauigkeit im Presswerkzeug oder Werkzeugverschleiß). Zu guter Letzt steht auch die Prozesssicherheit der Fügeverfahren in Abhängigkeit zu den Bauteilabweichungen, da die jeweiligen Fügeverfahren unterschiedliche Prozesssicherheiten im Umgang mit Ungenauigkeiten der Bauteile im Bereich der Fügeverbindung besitzen. So können zum Beispiel mit dem MSG-Schweißen größere Bauteilabweichungen toleriert werden als mit dem Laserstrahlschweißen.

Die Zusammenhänge von der Konstruktion, den verwendeten Werkstoffen, der Fertigung, der Prozesssicherheit und der Größe der Bauteilabweichungen sind sehr komplex und die Ursachen für solche Bauteilabweichungen sind sehr vielfältig. Die Größe der Abweichungen lässt sich nur bedingt durch einzelne Maßnahmen beschränken. Weiterhin ist mit dem Trend der Steigerung von Werkstofffestigkeiten und der Zunahme der Variantenvielfalt mit wachsenden Bauteilabweichungen zu rechnen.

1.2. Untersuchungsschwerpunkte der Arbeit

Stand der Technik und Ableitung von Maßnahmen im Umgang mit geometrischen Bauteilabweichungen im Bereich der Fügeverbindung: Zu Beginn dieser Arbeit befasst sich der Stand der Technik mit dem Karosseriebau, mit geometrischen Abweichungen von Karosseriebauteilen und mit der Thematik des Fügens im Karosseriebau. Aus diesem Stand der Technik werden Maßnahmen im Umgang mit geometrischen Bauteilabweichungen im Bereich der Fügeverbindung abgeleitet. Zur Vermeidung von fehlerhaften Verbindungen durch Abweichungen im Bereich der Fügestelle sind zwei Maßnahmen denkbar. Zum einen ist das die Beschränkung der Abweichung durch ein genaueres Fertigen der Bauteile oder durch das Herstellen der Maßhaltigkeit über Spanntechnik. Die zweite Möglichkeit ist die Kompensation der Abweichung durch robuste Fügetechnik. Diese Maßnahmen bieten entsprechende Vor- und Nachteile und werden in dieser Arbeit in Kapitel 2.4 abgeleitet und genauer untersucht. Schwerpunkt dieser Arbeit ist die Betrachtung der Maßnahme durch robuste Fügetechnik Bauteilabweichungen zu kompensieren.

Stand der Praxis - Studie zur Ermittlung der Ursache von fehlerhaften Verbindungen: Die Literatur gibt kein klares Abbild über die Art und die Ursachen von fehlerhaften Schweißverbindungen im hochautomatisierten Karosseriebau wieder. Aus diesem Grund widmet sich das Kapitel 3 ausführlich dem Stand der Praxis. Hierbei soll untersucht werden was für Fehler auftreten, wie es zu diesen Fehlern kommt und wie groß der Einfluss von Bauteilabweichungen auf die Qualität der Schweißverbindungen im Karosseriebau ist. Dies soll der Untersuchung der Ursache fehlerhafter Fügeverbindungen an Karosseriebauteilen dienen, um damit den Entwicklungsbedarf zur Verbesserung der Verbindungsqualität aufzuzeigen.

Methodik zur Darstellung der Robustheit gegenüber Abweichungen im Bereich der Fügeverbindung: Wie in Kapitel 2.3 beschrieben wird bietet die Literatur vielfältige Möglichkeiten für Schweißverfahren zur Steigerung der Robustheit gegenüber geometrischen Abweichungen im Bereich der Fügeverbindung. Nicht alle dieser Möglichkeiten sind für den Karosseriebau einsetzbar. Besonders betriebswirtschaftliche Aspekte sind im Konstruktions- und Planungsprozess des hochautomatisierten Karosseriebaus der entscheidende Grund der über den Einsatz eines Verfahrens oder einer Verfahrensvariante entscheidet. Neben den rein monetären Gründen ist die Größe dieser Robustheit des Verfahrens oder der Verfahrensvariante ein wichtiger Aspekt. Besonders um die Kosten des Verfahrens mit der Leistungsfähigkeit im Umgang mit Bauteilabweichungen bewerten zu können ist es notwendig die Robustheit darzustellen. Vorhandene Literatur bietet dabei nur einen groben Vergleich der Verfahren untereinander. Zum Beispiel wird in [62] die Toleranz der Verfahren gegenüber geometrischen Schwankungen nur mit „hoch“, „mittel“ und „niedrig“ bewertet. Diese Einteilung ist nicht ausreichend und somit ergibt sich für den detaillierten Vergleich ein Forschungsbedarf. In Kapitel 4 wird diese Forschungslücke geschlossen und eine Methode entwickelt mit der die Robustheit von Fügeverfahren gegenüber geometrischer Schwankungen der Bauteile im Bereich der Fügestelle dargestellt und somit verglichen werden können.

Im weiteren Verlauf der Arbeit werden eigene Untersuchungen durchgeführt. Diese Untersuchungen lassen sich in zwei Teile einordnen:

Untersuchung zur Anwendung des geometrischen Prozessfensters: Die in Kapitel 4 entwickelte allgemeine Methode des geometrischen Prozessfensters wird in Kapitel 5 für die im Karosseriebau hauptsächlich verwendeten Schweißverfahren MSG-, Laserstrahl- und Widerstandspunktschweißen mit ihren jeweils hauptsächlich verwendeten Nahtarten individuell angepasst und zur Anwendung gebracht. Bei dieser Untersuchung werden die jeweiligen geometrischen Prozessfenster von einem exemplarisch gewählten Grundparameter ermittelt und im Vergleich dazu die geometrischen Prozessfenster von Möglichkeiten dargestellt, die diese Verfahren robuster im Umgang mit Bauteilabweichungen gestalten sollen.

Untersuchung zur Ermittlung der mechanisch-technologischen Eigenschaften einer spaltüberbrückten Verbindung: Mit der Möglichkeit beim Schweißen von Karosseriebauteilen robuste Fügeverfahren einzusetzen und somit Bauteilabweichungen bewusst zuzulassen ergibt sich die Fragestellung nach veränderten Verbindungseigenschaften. Genaue Erkenntnisse über die Verbindungeigenschaften am überbrückten Spalt beim Schweißen von Karosseriebauteilen sind nicht vorhanden. Aus diesem Grund werden in Kapitel 6 am Beispiel des MSG-Schweißens die mechanisch-technologischen Verbindungseigenschaften einer spaltüberbrückten Verbindung ermittelt.

Im Anschluss an die Untersuchungen werden in Kapitel 7 Empfehlung zur Erhöhung der Prozesssicherheit beim Fügen im Karosseriebau gegeben und in Kapitel 8 die erarbeiteten Ergebnisse und die gewonnenen Erkenntnisse zusammengefasst.

In Abbildung 1.5 sind der Aufbau und die Gliederung der Arbeit dargestellt.

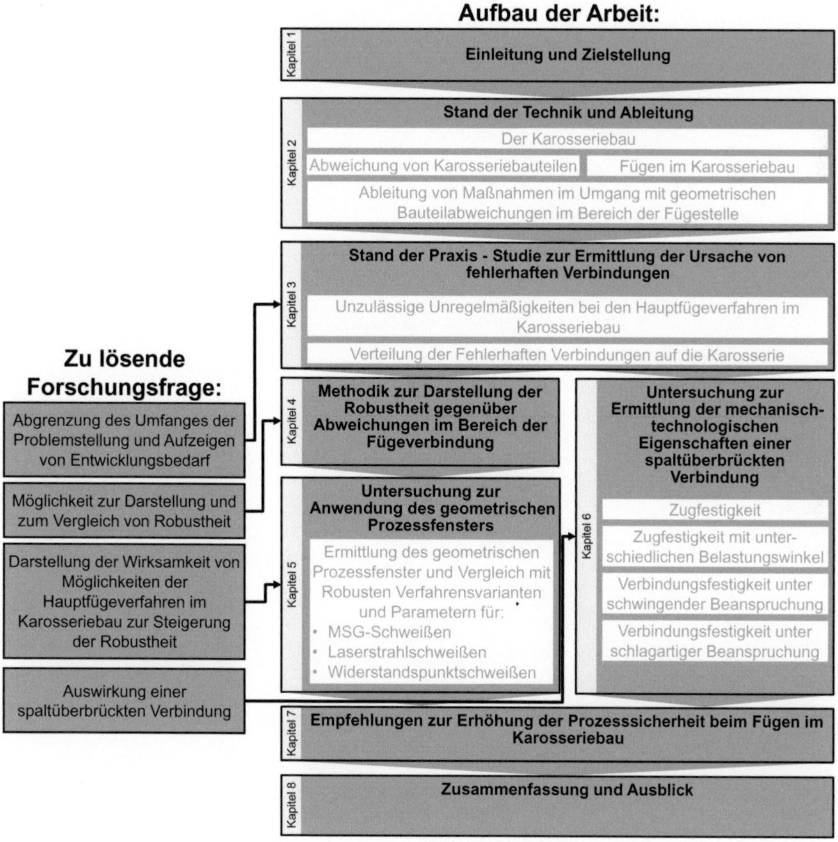

Abbildung 1.5.: Aufbau und Gliederung der Arbeit

2. Stand der Technik

Diese Arbeit beschäftigt sich mit geometrischen Bauteilabweichungen im Karosseriebau und deren Auswirkungen auf die Schweißtechnik. Aus diesem Grund behandelt dieses Kapitel im ersten Teil den Stand der Technik des Karosseriebaus. Im zweiten Teil wird der Stand der Technik über Bauteilabweichungen von Karosseriebauteilen dargestellt, deren Auswirkung auf den Bereich der Fügeverbindung erläutert, sowie die Auswirkung von Trends im Karosseriebau auf die geometrischen Abweichungen von Karosseriebauteilen veranschaulicht. Im dritten Teil wird der Stand der Technik über das Fügen im Karosseriebau und insbesondere über die Schweißverfahren MSG-, Laserstrahl, und Widerstandspunktschweißen dargelegt und Möglichkeiten geschildert mit diesen Verfahren robuster zu Fügen. Im vierten Abschnitt dieses Kapitels werden allgemeine Maßnahmen für den Karosseriebau im Umgang mit Bauteilabweichungen abgeleitet.

2.1. Der Karosseriebau

Der Karosseriebau ist, neben dem Presswerk, der Lackiererei und der Montage, einer der vier Produktionsprozesse im Fahrzeugbau (vgl. Abbildung 2.1). Im Karosseriebau werden Einzelteile und Baugruppen zueinander positioniert und zu größeren Baugruppen gefügt. [102]

Abbildung 2.1.: Produktionsprozesse in der Fahrzeugfertigung [102]

Bei den Einzelteilen handelt es sich meistens um Blechbauteile aus niedrig- und höherlegierten Stählen, Aluminium oder Magnesium, welche mittels Pressen umgeformt werden. Der nach wie vor dominierende Werkstoff in den meisten Fahrzeugkarosserien ist Stahl. Die am weitesten verbreitete und heute in der Massenproduktion am häufigsten eingesetzte Bauweise ist die Schalenbauweise. [22, 20, 8, 124, 48, 105] (Abbildung 2.2) Bei dieser werden umgeformte Stahlbleche zu einer selbsttragenden Struktur gefügt [20, 118]. Die üblichen Blechdickenbereiche liegen zwischen 0,5 mm und 3 mm [15]. Die Oberfläche der Halbzeuge aus Stahl ist in der Regel elektrolytisch verzinkt. Der Mechanisierungs- und Automatisierungsgrad im Karosseriebau ist nach

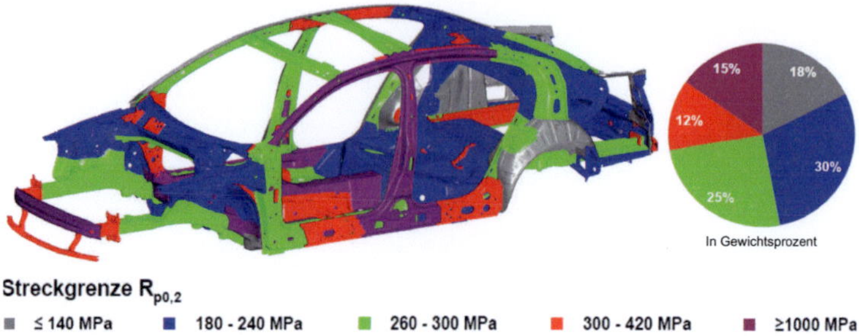

Abbildung 2.2.: Schalenbauweise unter Verwendung unterschiedlicher Stahlwerkstoffe beim Volkswagen Passat B5

[15] in keiner anderen Fertigung so weit entwickelt. Im Karosseriebau wird größtenteils nach DIN 1910-100 automatisch gefertigt [63]. Das Fügen und die Werkstückhandhabung erfolgen dabei durch programmierte Vorrichtungen und Roboter.

Die Fertigungsstückzahlen schwanken je nach Modell und Marke sehr stark. Bei Karosserien von Kleinwagen oder Modellen in der automobilen Kompaktklasse sind bis zu 2000 Einheiten am Tag keine Seltenheit (vgl. Harbour Report2007 Capacity Daily Rate [60]). Der Organisationstyp der Produktion im Karosseriebau ist nach [24] eine Fließproduktionslinie, d.h. die Arbeitsgänge sind zeitlich aneinander gebunden und der Werkstücktransport erfolgt durch selbstständig arbeitende Fördereinrichtungen.

2.2. Geometrische Abweichung von Karosseriebauteilen

Jede industrielle Produktion ist in ihrem Ergebnis mit **Abweichungen** behaftet. Solche Abweichungen können für

- chemische
- physikalische und hierbei vorwiegend mechanische, sowie
- geometrische

Eigenschaften auftreten [42, 116]. Geometrische Abweichungen sind dabei einer der häufigsten Gründe für Qualitätsprobleme in der industriellen Produktion [103] und daher Gegenstand weiterer Betrachtungen. Bei der materiellen Fertigung, und somit auch bei der Herstellung von Karosseriebauteilen, entstehen immer Abweichungen zwischen der „Istgestalt“ und der vorgestellten idealen Gestalt [35]. Die Abweichungen können sich auf folgende Gestalteigenschaften beziehen, die am Beispiel eines rechteckigen Blechbauteiles in Abbildung 2.3 dargestellt werden.

Die Gestalteigenschaften, sog. Merkmalswerte, von Bauteilen können in ihrer Form, Maß und Lage, sowie in ihrer Oberfläche abweichen. Die Form, das Maß und die Lage beschreiben die geometrische Gestalt von Bauteilen sowie die für das Fügen wichtige Lage zu den Fügewerkzeugen und der Bauteile zueinander und werden daher im weiteren Verlauf der Arbeit überwiegend behandelt.

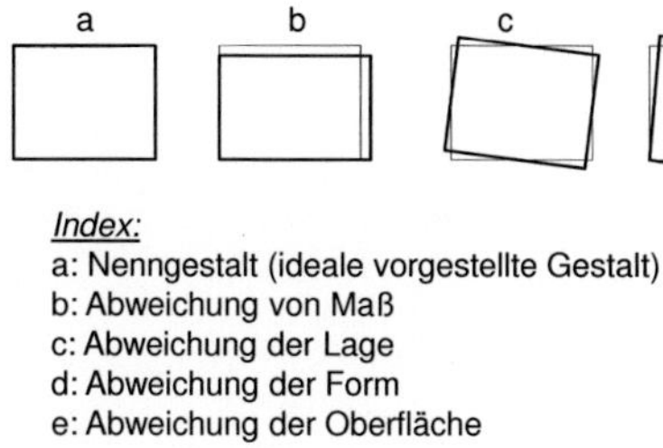

Abbildung 2.3.: Gestaltabweichungen eines rechteckigen Blechbauteiles [35]

Bei genauer Betrachtung ergeben sich bei einem Fertigungsprozess gleichartiger Teile grundsätzlich unterschiedliche Werte eines betrachteten Merkmals. Diese Merkmalswerte variieren je nach Fertigungsqualität um eine von systematischen Einflüssen bedingte Lage (**Bauteilabweichung**). Die Abweichung aller Merkmalswerte sollte dabei innerhalb der von der Konstruktion vorgeschriebenen und somit zulässigen **Toleranz** liegen. In der Serienfertigung, d.h. bei hinreichend großen Losen, kann für die Verteilung von messbaren Fertigungsmerkmalen, wie zum Beispiel der Bauteillänge, das mathematische Modell einer Gauß'schen Normalverteilung angenommen werden. [116, 97, 41] (vgl. Abbildung 2.4)

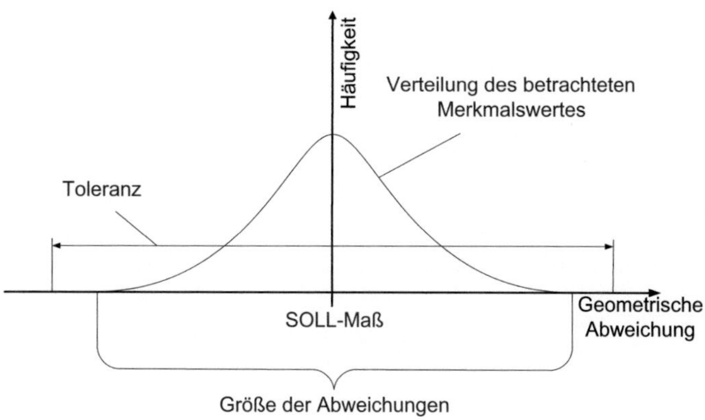

Abbildung 2.4.: Normalverteilung von Merkmalswerten und deren Toleranz (in Anlehnung an [116, 42, 41])

2.2.1. Auswirkung geometrischer Abweichung der Bauteile und Baugruppen auf den Bereich der Fügeverbindung

Geometrische Abweichungen der Bauteile führen zu variablen Bedingungen im Bereich der Fügeverbindung. Vorrangig äußern sich diese vor dem Fügen durch Abweichungen in Form von Spalten zwischen den Bauteilen und schwankenden Kantenversätzen der Fügeflansche (Abbildung 2.5) sowie nach dem Fügen durch spannungsbehaftete oder spaltüberbrückte Fügeverbindungen und verzogenen Bauteilen. Verschiedene Veröffentlichungen befassen sich mit spannungsbehafteten Fügeverbindungen [58, 91] und verzogenen Bauteilen. Die wissenschaftliche Betrachtung der Auswirkung von Spalten sowie von Kantenversätzen auf die Fügetechnik und die mechanisch technologischen Eigenschaften einer spaltüberbrückten Verbindung sind bisher nicht erfolgt.

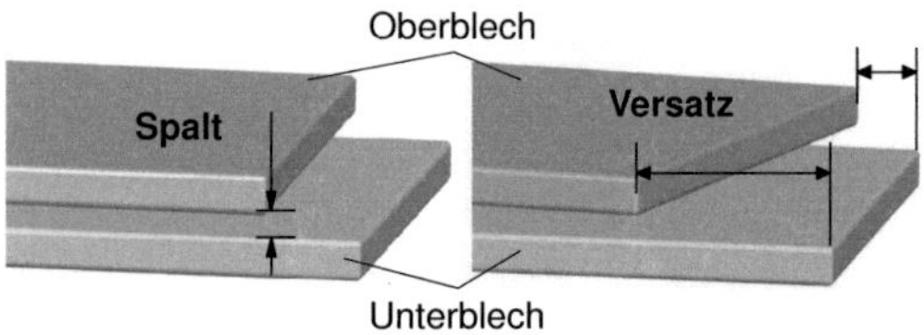

Abbildung 2.5.: Auswirkung geometrischer Abweichungen von Bauteilen auf den Bereich der Fügeverbindung vor dem Fügen

2.2.2. Auswirkung des Zusammenbaues auf geometrische Abweichung von Karosseriebauteilen

Die typische Aufbaufolge vom Halbzeug zu einer fertigen Karosserie in Schalenbauweise ist in Abbildung 2.6 dargestellt. Zu Beginn werden im Presswerk aus dem Blech die Einzelteile mit mehreren Umform- und Beschnittstufen gefertigt. Anschließend werden im Karosseriebau mehrere Einzelteile zu Zusammenbaugruppen (Kurz: ZSB) gefügt. Diese werden dann mit weiteren Einzelteilen und anderen Zusammenbaugruppen zu größeren Zusammenbauten gefügt bis am Ende die Hauptbaugruppe der Rohkarosserie entsteht. Durch die Bildung von geschlossenen Profilen nimmt mit zunehmendem Zusammenbau die Steifigkeit der Baugruppen zu. Im Gegenzug nimmt mit zunehmendem Zusammenbau die Zugänglichkeit für die Füge- und Spannprozesse ab. Durch die Kombination der einzelnen Bauteile zu Zusammenbaugruppen werden die geometrischen Eigenschaften der einzelnen Bauteile miteinander verknüpft und eine Maßkette entsteht. Bei einer Maßkette nehmen mit der Anzahl der verbauten Teile die Abweichungen der entstehenden größeren Zusammenbaugruppe zu. Für den Aufbau einer Fahrzeugkarosserie bedeutet dies, dass tendenziell mit zunehmendem Zusammenbau die geometrischen Abweichungen der Baugruppen und besonders die geometrischen Abweichungen der Fügeflansche zu nehmen. [42, 116] Die zunehmende Steifigkeit der Bauteile, eine abnehmende Zugänglichkeit für Füge- und Spannprozesse und eine Zunahme von Abweichungen im Bereich der Fügestellen führen dazu, dass mit fortschreitendem Zusammenbau die Individualität und Komplexität der Fügeaufgaben zunimmt. So sind bei den meisten Einzelteilen die Fügeaufgaben in den ersten Fertigungsschritten vergleichbar. Diese Vergleichbarkeit ist sowohl in Bezug auf die Art der Bauteilführung, als auch auf die Bauteilfixierung und den möglichen Bauteilabweichungen vorhanden. Mit einem weiteren

Zusammenbau zu größeren Baugruppen nimmt diese Vergleichbarkeit jedoch ab.

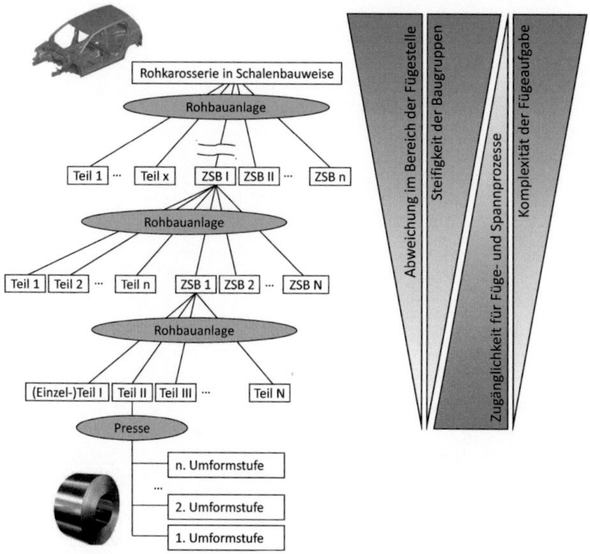

Abbildung 2.6.: Aufbaupfad vom Halbzeug zur kompletten Karosserie (in Anlehnung an [6])

Die Schwierigkeit, eine maßliche Genauigkeit von Baugruppen mit Hilfe von abweichungsbehafteten Bauteilen herzustellen, führt zur Verwendung von einer „toleranzgerechten Konstruktion“ sowie zur Verwendung von Toleranzmanagementsystemen [6].

Toleranzmanagementsysteme sind Hilfsmittel für die Konstruktionsphase, mit denen kostenoptimierte Toleranzfestlegungen möglich sind. Dabei werden an Bauteilen, bei denen es unter technologischen oder wirtschaftlichen Gesichtspunkten aufwändig ist die Genauigkeit herzustellen, größere Toleranzen zugelassen. An Bauteilen, bei denen es unter technologischen oder wirtschaftlichen Gesichtspunkten möglich ist eine höhere Genauigkeit herzustellen, werden die Toleranzen beschränkt. Somit ist es möglich die Genauigkeit einer Baugruppe aus diesen Bauteilen zu verbessern. Vorrangig werden diese Systeme zur Festlegung von Fertigungstoleranzen der Einzelteile und zur Reduzierung von Fugenmaßen zwischen Türen, Klappen und Anbauteilen verwendet [112, 117].

Bei einer toleranzgerechten Konstruktion werden häufig zum Erreichen der Maßhaltigkeit einer größeren Baugruppe einstellbare Schiebeflansche verwendet. (Abbildung 2.7) Hierbei besteht für die Fügetechnik die Problematik, dass der Ausgleich an den Bereichen durchgeführt wird, an denen anschließend gefügt wird und dieser Bereich somit geometrischen Schwankungen unterliegt.

Als Beispiel sei hier das Fügen der Seitenteile an die restliche Karosserie genannt. Bei diesem Zusammenbauschritt werden die Baugruppen „Boden“, „Seitenteile“ und „Dach“ zusammengefügt. Diese Baugruppen sind zu dem Zeitpunkt des Zusammenfügens bereits durch geschlossene Profile

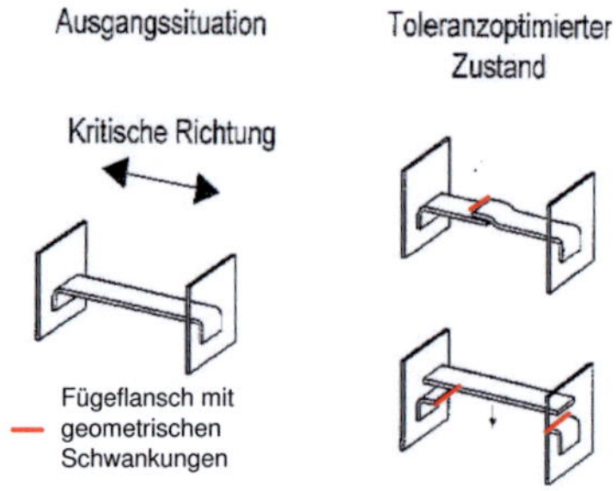

Abbildung 2.7.: Möglichkeit eines konstruktiven Varianzausgleiches durch Schiebeflansche (Erweiterte Darstellung nach [6])

steif und durch den fortgeschrittenen Zusammenbau abweichungsbehaftet. Damit trotz vorhandener Bauteilabweichungen der Baugruppen das Fahrzeug nicht zu sehr in der Breite schwankt, werden zum Beispiel im Bereich der Verbindung „Seitenteil zum Dach" Schiebeflansche verwendet. Diese Maßnahme ist in Abbildung 2.8 verdeutlicht. An diesen Schiebeflanschen summieren sich alle Bauteilabweichungen der Baugruppe und die Fügetechnik muss diese kompensieren.

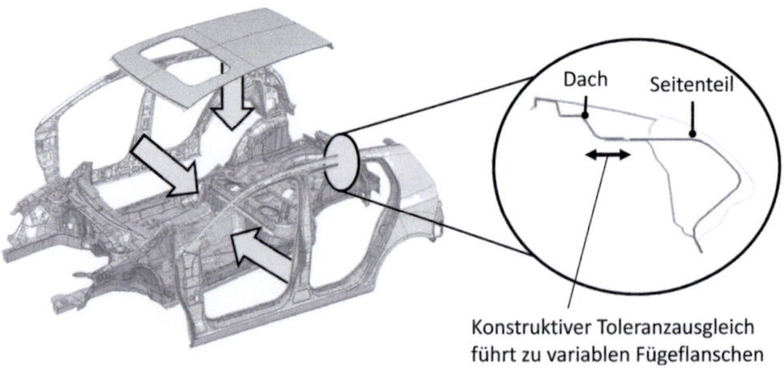

Abbildung 2.8.: Folge eines konstruktiven Varianzausgleiches am Beispiel der Verbindung Seitenteil zum Dach an einer Fahrzeugkarosserie

2.2.3. Trends im Karosseriebau und deren mögliche Auswirkungen auf die geometrische Abweichung von Karosseriebauteilen

Dieser Abschnitt zeigt anhand von Anforderungen an die Karosserie und den Karosseriebau die daraus entstandenen Trends und deren mögliche Auswirkungen auf geometrische Abweichungen von Karosseriebauteilen.

Flexible Fertigung

Die letzten Jahre waren durch eine Zunahme der Flexibilität in der Fertigung des Karosseriebaues geprägt. Eine wachsende Modellvielfalt und die steigende Variantenzahl je Modell führten zu dieser Entwicklung. Trotz steigender Gesamtstückzahlen der hergestellten Fahrzeuge ist, durch die Zunahme der Fahrzeugderivate[1], eine sinkende Stückzahl je Fahrzeugvariante zu beobachten (vgl. Abbildung 2.9). Die Bauzeiten der Fahrzeuggenerationen haben sich verkürzt und bereits wenige Jahre nach ihrem Produktionsstart werden sie von Nachfolgeprodukten abgelöst. [2, 4, 20, 95, 118, 120, 129]

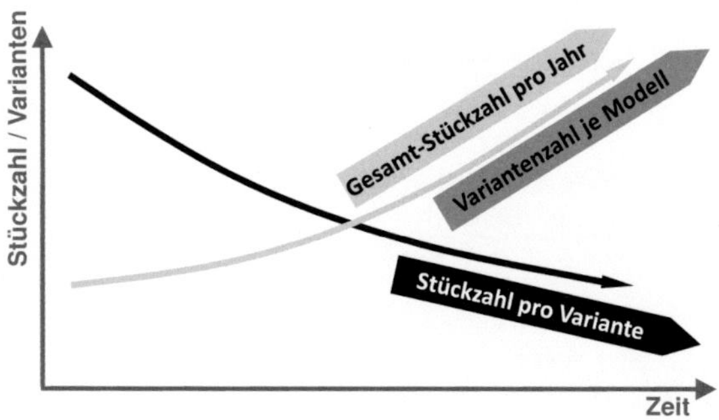

Abbildung 2.9.: Entwicklung von Varianten und Stückzahlen (in Anlehnung an [118])

Zur wirtschaftlichen Fertigung ist es daher heute häufig üblich mehrere Fahrzeugderivate auf einer Fertigungslinie herzustellen und die Fertigungsanlagen so flexibel zu gestalten, dass ein Generationswechsel fast nahtlos auf der gleichen Fertigungsanlage durchgeführt werden kann [118].

Um die hohen Stückzahlen der Zusammenbaugruppen und besonders der Gleichteile[2] zu gewährleisten, gibt es oft für einzelne Teile mehrere Einlegestationen, Vorrichtungen oder parallel arbeitende Fertigungseinrichtungen. Zum Beispiel sind für baugleiche Seitenteile des GolfV 4-Türer ohne Betrachtung der Zukaufteile für das linke Seitenteil 4096 mögliche Kombinationen und für das rechte Seitenteil aufgrund einiger zusätzlicher Bauteile im Bereich der Tanköffnung 16.384 mögliche Kombinationen unterschiedlicher Vorrichtungen, Einlegestationen und Fertigungsanlagen möglich [102].

Alle Bauteiltypen der unterschiedlichen Fahrzeugderivate und die Vielfalt der Bauteile durch verschiedene Einlegestationen, Vorrichtungen und Fertigungsanlagen haben zur Folge, dass heute auf einer Fertigungsanlage zunehmend Bauteile unterschiedlicher Herkunft und mit unterschiedlichen geometrischen Abweichungen verbaut werden.

[1]Derivat: Abwandlungen eines Grundmodells einer Modellreihe
[2]Gleichteile: Baugruppen die in mehreren Fahrzeugvarianten verbaut werden

Kaltumgeformte hochfeste Stahlwerkstoffe in der Karosserie

Ein weiterer Trend im Karosseriebau ist in dem zunehmenden Einsatz hochfester Werkstoffe zu sehen. Zu diesem Trend kam es zum Einen durch die erhöhten Anforderungen an die Fahrzeugkarosserie, aufgrund einer erwünschten Zunahme der Biege- und Torsionssteifigkeit, sowie durch die erhöhten Anforderungen an die passive Sicherheit, also dem Crashverhalten. Zum Zweiten wurde zur Verbesserung des Fahrverhaltens, sowie zur Reduzierung der Betriebskosten und der Emissionen, auf Leichtbau gesetzt. Eine Möglichkeit leichtere Fahrzeugkarosserien zu bauen wurde durch hochfeste Stähle realisiert. Durch die Verwendung hochfester Stähle ist es möglich die Blechdicken und somit das Gewicht der Karosseriebauteile zu reduzieren. [20, 21, 106, 118, 119]

In Tabelle 2.1 sind für Karosseriebaustähle unterschiedlicher Festigkeiten die zulässigen Streckgrenzen, beziehungsweise die 0,2%-Dehngrenzen, dargestellt. Prinzipiell lässt sich feststellen, dass mit steigender Werkstofffestigkeit höhere Streuungen bei den Werkstofffestigkeiten auftreten und zulässig sind.

Tabelle 2.1.: Auszug aus dem Regelwerken beispielhafter Karosseriewerkstoffe mit steigender Werkstofffestigkeit [65, 66, 75, 79, 80]

Werkstoff	**Normung**	**0,2%-Dehngrenze $R_{p0,2}$/ Streckgrenze R_e in MPa**
DC05 (konventionell)	DIN EN 10152 Elektrolytisch verzinkte kaltgewalzte Flacherzeugnisse aus Stahl zum Kaltumformen	140 - 190 $\mathbf{\Delta_{zul} = 50}$ **MPa**
HX340LAD	DIN EN 10292 Kontinuierlich schmelztauchveredeltes Band und Blech aus Stählen mit hoher Streckgrenze zum Kaltumformen	340 - 420 $\mathbf{\Delta_{zul} = 80}$ **MPa**
HC420LA (hochfest)	DIN EN 10268 Kaltgewalzte Flacherzeugnisse aus Stahl mit hoher Streckgrenze zum Kaltumformen	420 - 520 $\mathbf{\Delta_{zul} = 100}$ **MPa**
HC700C	VW 50060-3 Kaltgewalzte Komplexphasenstähle	700 - 900 $\mathbf{\Delta_{zul} = 200}$ **MPa**
HD900M	VW 50060-4 Warmgewalzte Komplex- und Martensitphasenstähle	900 - 1150 $\mathbf{\Delta_{zul} = 250}$ **MPa**

In Abbildung 2.10 ist das Spannungs-Dehnungs-Diagramm eines konventionellen und eines höherfesten Stahles bei schwankenden Werten der 0,2%-Dehngrenze ($R_{p0,2}$) dargestellt. Größere Streuungen in den Werkstofffestigkeiten wie der 0,2%-Dehngrenze führen bei gleicher Umformung zu einer größeren Streuung in der elastischen Dehnung ($\Delta\epsilon_{el}$). Die Bauteile schwanken stärker in der Rückfederung.

Tendenziell zeigt sich, dass mit zunehmender Grundwerkstofffestigkeit bei kalt umgeformten Einzelteilen größere Schwankungen in der Rückfederung auftreten können und dadurch größere

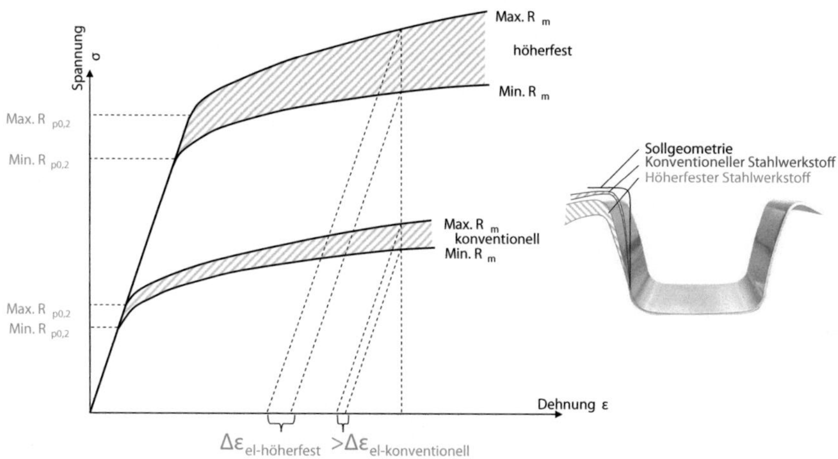

Abbildung 2.10.: Spannungs-Dehnungs-Diagramm eines konventionellen und eines höherfesten Stahles (in Anlehnung an [90])

geometrische Abweichungen der Bauteile resultieren. [99, 111, 90]

Eine höhere Genauigkeit an Bauteilen mit hoher Werkstofffestigkeit kann zum Beispiel durch das Presshärten realisiert werden. Dabei wird das Umformen mit einer gleichzeitigen Wärmebehandlung verbunden. Der Nachteilig dabei ist, dass durch das Erwärmen der Bauteile ein hoher Aufwand für die Anlagen- und Werkzeugtechnik notwendig ist und somit zu hohen Bauteilkosten führt. [13]

2.3. Fügen im Karosseriebau

In den frühen Jahren des Automobilbaues dominierte neben dem Widerstands- und Lichtbogenschweißen in der Produktion von Karosseriebauteilen auch das Gasschmelzschweißen. Mit der zunehmenden Mechanisierung und dem Steigen der Automatisierung kam es bis in die heutige Zeit zur vorherrschenden Stellung des Widerstandsschweißen [27, 46]. Der moderne Karosseriebau bietet eine breite Palette von Fügeverfahren aus den verschiedensten Verfahrensgruppen. Zu diesen Fügeverfahren zählt:

- das Fügen durch An- und Einpressen, wie zum Beispiel: Schraube oder Nageln,
- das Fügen durch Umformen, wie zum Beispiel: Falzen, Stanznieten oder Clinchen,
- das Fügen durch Schweißen mit Pressverbindungsschweißen, wie zum Beispiel: Widerstandspunktschweißen, Rollennahtschweißen oder Reibschweißen,
- das Fügen durch Schweißen mit Schmelzverbindungsschweißen, wie zum Beispiel: Metallschutzgasschweißen, Laserstrahlschweißen, Elektronenstahlschweißen oder Plasmaschwei-

ßen,

- das Fügen durch Löten, wie zum Beispiel: Metallschutzgaslöten, Laserstrahllöten oder Plasmalöten
- und das Fügen durch Kleben, wie zum Beispiel: Kleben mit chemisch abbindenden Klebstoffen.

Diese Verfahren sind auch in Kombination miteinander in Verwendung, wie beispielsweise das Widerstandspunktschweißen mit dem Kleben oder das Laserstrahl- mit dem Metallschutzgasschweißen.

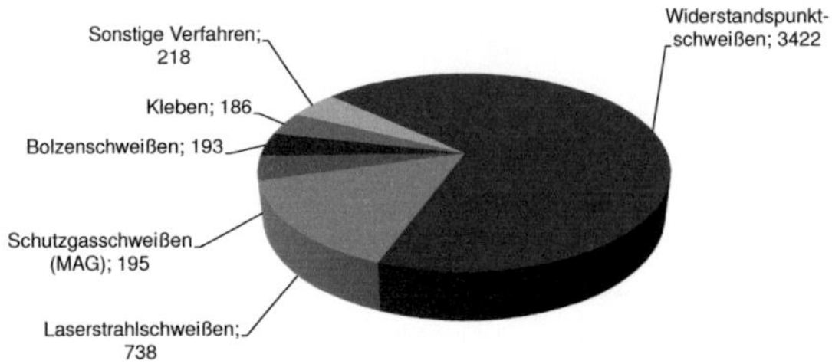

Abbildung 2.11.: Verteilung der Fügeverfahren und Anzahl der Verbindungsstellen am Beispiel des Golf V [10]

In Abbildung 2.11 ist am Beispiel eines Fahrzeuges die Anzahl der Verbindungsstellen und die Verteilung der verwendeten Fügeverfahren einer Karosserie dargestellt. Je nach Hersteller, Produktionsstandort, Bauart der Karosserie, verwendeter Werkstoffe, Entwicklungszeitpunkt und Stückzahl können die verwendeten Verfahren in ihrer Verteilung variieren. Dominierend beim Fügen von Karosseriebauteilen aus Stahl in Schalenbauweise ist das Schweißen. Zu den am häufigsten eingesetzten Verfahren zählt dabei das Widerstandspunkt-, das Metallschutzgas- (kurz: MSG) und das Laserstrahlschweißen.

Gegenüber Maßabweichungen im Bereich der Fügeverbindung reagieren Fügeverfahren unterschiedlich. So kommt es bei einigen Verfahren schon bei geringen Maßabweichungen zu fehlerhaften Verbindungen. Um trotz vorhandener Maßabweichung eine fehlerfreie Verbindung zu erzielen sind robuste Fügeprozesse notwendig. Der Begriff der Robustheit von Fügeprozessen wird in der Literatur oft verwendet [94, 128, 43, 85, 104], eine einheitliche Definition ist allerdings nicht vorhanden. Die sprachliche Definition von robust ist mit stark, handfest oder stämmig beschrieben [23, 59]. Diese Definition lässt sich auf Anlagen zum Fügen, mit einer mechanischen Widerstandsfähigkeit gegen Belastung, aber nicht auf den Prozess des Fügens übertagen. Eine brauchbare Definition für Prozesse ist im Bereich der Informatik gegeben. Die **Robustheit** ist dabei die Größe der Fehlertoleranz gegenüber äußeren Störungseinflüssen [25]. Mit einem robusteren System ist es – im Vergleich zu einem weniger robusten System – in einem größeren Bereich von äußeren Störungseinflüssen möglich ein fehlerfreies Verhalten des Systems zu gewährleisten. Auf Fügeprozesse übertragen bedeutet dieser Ansatz, dass durch eine Erhöhung der Robustheit des Fügeprozesses auch bei größeren Störungseinflüssen, wie zum Beispiel geometrischen Schwankungen der Bauteile, eine fehlerfreie Verbindung hergestellt werden kann.

Die Robustheit der Fügeprozesse gegenüber Maßabweichungen der Bauteile im Bereich der Fügestelle können durch die Parameter des Fügeprozesses beeinflusst werden. Ebenso können Varianten des Verfahrens oder die Art der Anwendung diese Robustheit erweitern.

In den nachfolgenden Punkten werden die Hauptfügeverfahren Widerstandspunkt-, MSG- und Laserstrahlschweißen in Ihrer Anwendung im Karosseriebau beschrieben. Anschließend werden Parameter und Verfahrensvarianten aus der Literatur dargestellt diese Verfahren robuster gegenüber Abweichungen im Bereich der Fügeverbindung zu gestalten.

2.3.1. Metallschutzgasschweißen

Metallschutzgasschweißen im Karosseriebau

Das Metallschutzgasschweißen (kurz: MSG) ist ein Schmelzschweißverfahren [68]. Die Wärme wird mit einem Lichtbogen erzeugt, welcher unter einer Schutzgasabdeckung zwischen dem Werkstück und einer Drahtelektrode brennt. Die Drahtelektrode schmilzt während des Schweißens ab, wird automatisch nachgeführt und ist gleichzeitig Zusatzwerkstoff. [63, 40, 15, 12] Beim automatisierten MSG-Schweißen sind die zu fügenden Baugruppen in Vorrichtungen fest eingespannt und ein Roboter fährt den Schweißbrenner entlang einer starr programmierten Bahn. Kantenerkennungssysteme sind in der Regel nicht im Einsatz. Die häufigste Verbindung im Karosseriebau ist die Stirnkehlnaht am Überlappstoß.

Das Verfahren zeichnet sich durch die einseitige Zugänglichkeit und durch die Unempfindlichkeit gegenüber geometrischen Schwankungen im Bereich der Fügeverbindung aus. Eine Spaltüberbrückung ist bis in den Blechdickenbereich möglich. Weiterhin haben MSG-geschweißte Nähte eine hohe Verbindungsfestigkeit. Nachteilig sind, im Vergleich zum Laserstrahl- und Widerstandspunktschweißen, die große Wärmeeinbringung und die Schweißspritzer. Metallschutzgasschweißen wird demzufolge vorrangig in Bereichen eingesetzt, an denen das Schweißen mit einem alternativen thermischen Fügeverfahren nicht möglich ist. Dies sind häufig Stellen im späteren Zusammenbau und an großen Baugruppen an denen nur eine einseitige Zugänglichkeit möglich ist und wo große Spalte zu erwarten sind. Da die großen Baugruppen nicht mehr so gut gehandhabt werden können, ist ein Schweißen in Zwangspositionen nicht vermeidbar. Als Beispiel sind hier die Verbindungsstellen zwischen dem Seitenteil und dem Dach im Bereich der B-Säule und des Dachquerträgers zu nennen, die in Halb-Überkopfposition verschweißt werden.

Geometrische Abweichungen, die Einfluss auf das Verfahren und somit auf die Qualität der Fügeverbindung haben, sind der Abstand zwischen den Fügepartnern und die Orientierung vom Werkzeug zum Werkstück in Winkel und Lage.

Erweiterung der Robustheit gegenüber Bauteilabweichungen beim Metallschutzgasschweißen

Durch das Einbringen von mehr Zusatzmaterial ist es beim MSG-Schweißen möglich die Robustheit des Verfahrens zu steigern. Dies kann realisiert werden durch die Reduzierung der Schweißgeschwindigkeit, die Erhöhung der Drahtvorschubgeschwindigkeit, die Verwendung von Fülldrähten oder von Zusatzwerkstoffen mit höherem Drahtdurchmesser sowie, durch Verfahrensvarianten wie dem Zweidrahtschweißen [12, 122]. (vgl. Abbildung 2.12 und Abbildung 2.13) Der Nachteil dieser Variante ist die gleichzeitige Erhöhung der eingebrachten Wärmemenge. Sie kann zu Deformationen der Bauteile durch Wärmeverzug und zum verstärkten Verdampfen der schützenden Zinkbeschichtung im Bereich neben der Naht führen.

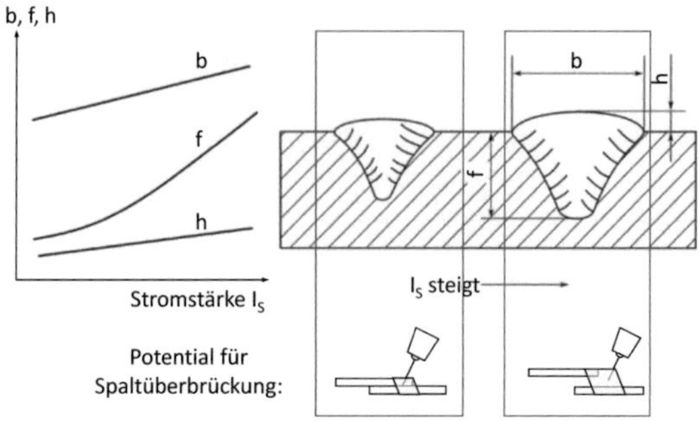

Abbildung 2.12.: Wirkung des Schweißstromes auf die Nahtgestaltung (in Anlehnung an [29, 122])

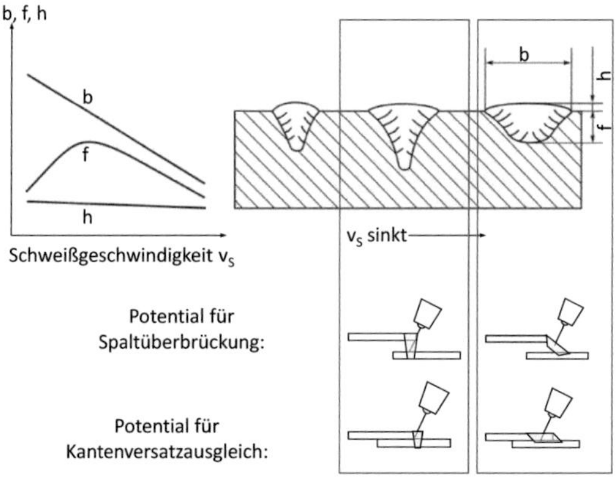

Abbildung 2.13.: Wirkung der Schweißgeschwindigkeit auf die Nahtgestaltung (in Anlehnung an [29, 122])

Alle Schmelzschweißverfahren erzielen in der Wannenposition die höchste Abschmelzleistung in Verbindung mit einer guten Nahtausbildung und einem tiefen Einbrand [12]. Durch Schweißen in einer zur Spaltfüllung günstigeren Schweißposition, wie zum Beispiel der Wannenposition, ist es somit möglich größere Fügespalte zu überbrücken. In [56] wird diese Variante für das Schweißen der Anbindung zwischen der B-Säule und dem Dachquerträger verwendet. Hier kam es oft zu Unregelmäßigkeiten durch zu große Spalte zwischen den Bauteilen. Durch Wenden der kompletten Karosserie konnte ein Wechsel von einer Überkopf- in eine Wannenposition erzielt werden. Somit wurde an dieser fehlerträchtige Stelle der Karosserie eine Qualitätsverbesserung erzielt. Nachteilig ist, dass besonders bei größeren Baugruppen ein Drehen der Baugruppe nur mit zusätzlicher Vorrichtungstechnik und mit zusätzlichen Fertigungsschritten möglich ist. Bei Erhöhung der Abschmelzleistung wird auch die Menge der eingebrachten Wärme vergrößert.

Durch den Einsatz von Sensorsystemen zur Regelung des vollmechanisierten MSG-Schweißprozesses ist es möglich, auch bei größeren Abweichungen der Fugengeometrie und -lage die Brennerposition oder die Schweißparameter an die gegebenen Bedingungen anzupassen, um die erforderliche Schweißnahtqualität zu erhalten. Sensoren können zum Beispiel zur Lagebestimmung der Bauteile zur Nahtanfangs- und Nahtendfindung, zur Fugenverfolgung, sowie zur Adaption der Prozessparameter an aktuelle Fugenveränderungen eingesetzt werden und somit die Robustheit des Verfahrens steigern. [50, 47, 113, 130] Eine Verwendung von Sensorsystemen zur Regelung des MSG-Schweißprozesses ist mit zusätzlichen Anlagenkosten verbunden und kann zur Verlängerung der Fertigungszeit führen.

Das MSG-Schweißen war in den letzten Jahren durch die Entwicklung von wärmereduzierten Verfahrensvarianten gekennzeichnet. Durch die Verringerung der Kurzschlussphase während des Schweißens ist es zum Beispiel bei diesen Verfahrensvarianten möglich den Wärmeeintrag zu reduzieren. Realisiert wird das beispielsweise beim CMT-Schweißen der Firma Fronius durch ein mechanisches Zurückziehen des Schweißdrahtes während des Kurzschlusses oder beim coldArc-Prozess der Firma EWM durch eine digitalen Stromregelung, die Leistungsspitzen beim Wiederzünden des Kurzlichtbogens reduziert. Eine weitere Möglichkeit ist die Verwendung eines gepulsten Prozesses mit einer einstellbaren Phase mit umgekehrter Polarität. Beim Schutzgasschweißen mit umgekehrter Polarität (Minuspolung der Elektrode) werden die Wärmeeinbringung in den Grundwerkstoff und der Einbrand reduziert. [115, 12] Nach Angaben der Hersteller ist es mit diesen Verfahrensvarianten möglich mehr Schweißzusatz einzubringen und somit, im Vergleich zum herkömmlichen MSG-Schweißen, größere Spalte zu überbrücken [115]. Der Vorteil dieser Varianten, mit reduziertem Wärmeeintrag zu schweißen, tritt bei der Verwendung von Parametern zur Spaltüberbrückung nicht in jedem Fall ein. Bei Parametern zur Spaltüberbrückung ist es, um das zur Spaltfüllung notwendige Zusatzmaterial aufzuschmelzen, notwendig die Schweißgeschwindigkeit zu reduzieren. Dies führt wieder zu einer Zunahme der eingebrachten Wärmemenge.

Eine weitere Möglichkeit ist das Pendelschweißen. Hierbei wird der Schweißbrenner periodisch seitlich ausgelenkt. Im Vergleich zu einer Linearbewegung kann ein Durchsacken des Schmelzbades hinausgezögert werden, so dass mehr Zusatzmaterial eingebracht werden kann. Dadurch ist es möglich die Naht zu verbreitern und somit den Versatz von Bauteilkanten auszugleichen. [83, 37] Auch diese Variante hat den Nachteil der gleichzeitigen Erhöhung der eingebrachten Wärmemenge.

2.3.2. Laserstrahl- und Laserstrahlhybridschweißen

Laserstrahlschweißen im Karosseriebau

Im Vergleich zum MSG- oder Widerstandspunktschweißen ist das Laserstrahlschweißen ein noch recht neues Verfahren im Karosseriebau. Beim Laserstrahlschweißen handelt es sich um ein Schmelzschweißverfahren [68]. Die Schweißwärme wird durch Absorption eines fokussierten Laserstrahls erzeugt. Neben der Kehlnaht am Überlappstoß, ist die häufigste Verbindung die Liniennaht am Überlappstoß. Vorteil des Laserstrahlschweißens ist besonders im Vergleich zum

Metallschutzgasschweißen die hohe Schweißgeschwindigkeit und die geringe Wärmeeinbringung [92, 12]. Beim Laserstrahlschweißen verzinkter Bleche im Karosseriebau ist ein Entgasungspalt von 0,2 mm einzuhalten. Wenn der Spalt zwischen den Blechen das geforderte Maß unterschreitet kann das Zink nicht zwischen den Blechen entweichen. Es verdampft explosionsartig und es kommt zu Schmelzbadauswürfen aus der Fügeverbindung [92, 126, 39, 49]. Um dies zu verhindern werden die Bleche zum Beispiel durch Prägenoppen auf Abstand gehalten [107]. Da in der Regel ohne Zusatzwerkstoff geschweißt wird, ist es nicht möglich größere Spalte zu überbrücken. Die Bauteile werden im Bereich der Fügeverbindung durch zusätzliche Spanntechnik auf den zulässigen Spalt gedrückt. Das Laserstrahlschweißen zeichnet sich durch eine einseitige Zugänglichkeit aus, durch die zum Teil sehr aufwändige Spanntechnik ist dies allerdings nur bedingt anwendbar.

Typische Einsatzgebiete für den Laser sind Bereiche, bei denen durch gute Zugänglichkeit und kurze Fahrwege zwischen den einzelnen Nähten eine hohe Auslastung erreicht werden kann und Bereiche bei denen die Bauteile sicher in Passung gebracht werden können. Als Beispiel sind hier die Türeinstiegsflansche und Fensterrahmen zu nennen. Durch das schmale Schmelzbad ist es außerdem möglich die Breite der Fügeflansche zu minimieren, was im Bereich des Türeinstieges aus konstruktiver Sicht einen Vorteil darstellt. [92]

Bei der am häufigsten verwendeten Liniennaht am Überlappstoß sind die geometrischen Abweichungen, welche einen Einfluss auf die Qualität der Fügeverbindung haben, die Orientierung zwischen Werkzeug und Werkstück in Abstand und Winkel und der Abstand zwischen den Fügepartnern. Der Abstand zwischen Werkzeug und dem zu fügendem Bauteil hat Auswirkung auf die Fokuslage und somit auf die eingekoppelte Leistung des Lasers in das Werkstück. Bei Verbindungen, bei denen es hier zu großen Abweichungen kommen kann, sind häufig Regelsysteme im Einsatz, die den Abstand zwischen Werkzeug und dem zu fügendem Bauteil konstant halten.

Erweiterung der Robustheit gegenüber Bauteilabweichungen beim Laserstrahlschweißen

Nach [5] bestehen Abhängigkeiten von Laserstrahlleistung, Fokusdurchmesser, Fokuslage sowie Schweißgeschwindigkeit auf den Schmelzbadquerschnitt. Demnach bewirkt zum Beispiel die Vergrößerung des Fokusdurchmessers oder die Verringerung der Schweißgeschwindigkeit eine Verbreiterung der Schmelze. Somit steht mehr aufgeschmolzenes Material für eine Spaltüberbrückung zur Verfügung und die Robustheit gegenüber einem Spalt zwischen den Blechen wird gesteigert. Die Vergrößerung der Schmelze erhöht auch die Menge der eingebrachten Wärme. Die Nachteile bei Erhöhung der eingebrachten Wärmemenge sind auch bei Laserstrahlschweißen, dass diese zur Deformation der Bauteile durch Wärmeverzug und zum verstärkten Verdampfen der schützenden Zinkbeschichtung im Bereich neben der Naht führen kann.

Unter der Verwendung von Sensorsystemen zur Bahnführung schildert Reek [93] eine Möglichkeit Spalte zwischen den Blechen an Überlappverbindungen durch Anpassen der Fokuslage und durch Verringerung der Schweißgeschwindigkeit zu überbrücken. Demnach ist es durch geregeltes Ablenken des Laserstrahles an einer Stirnkehlnaht am Überlappstoß möglich, die notwendige Menge vom Material des Oberbleches aufzuschmelzen und somit auch bei größeren Spalten eine anforderungsgerechte Verbindung herzustellen. (Abbildung 2.14). Nachteilig sind die höhere Wärmemenge die zum Aufschmelzen des zusätzlichen Materials benötigt wird, die zusätzlichen Anlageninvestitionskosten und eine eventuelle Verlängerung der Fertigungszeit bei gleichzeitiger Verringerung der Schweißgeschwindigkeit.

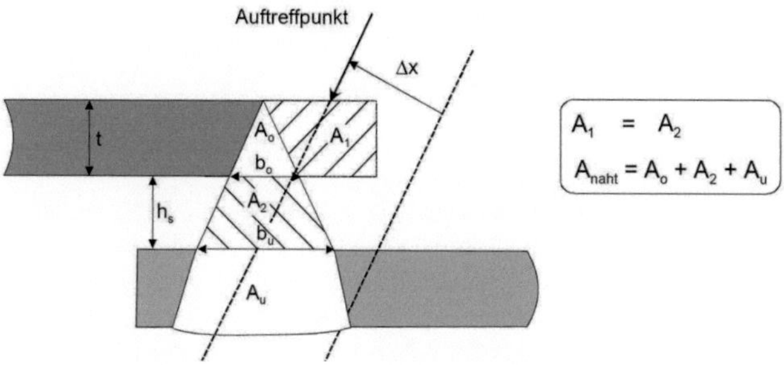

Abbildung 2.14.: Erhöhung der Spaltüberbrückbarkeit durch Verringerung der Schweißgeschwindigkeit und Versatz der Fokuslage [93]

Beim Laserstrahlschweißen ist es auch, wie in [100] beschrieben, möglich durch Verwendung eines Zusatzwerkstoffes die Spaltüberbrückbarkeit zu steigern. Der Nachteil dieser Variante ist die hohe Anforderung an die Genauigkeit die zur prozesssicheren Beförderung des Zusatzwerkstoffes in das schmale Schmelzbad notwendig ist.

Eine weitere Möglichkeit bietet die Kombination des Laserstrahlschweißverfahrens mit dem MSG-Schweißverfahren. Dabei wird der Vorteile der hohen Schweißgeschwindigkeit des Laserstrahlschweißens mit dem Vorteil der Spaltüberbrückung des MSG-Schweißens kombiniert. Die als MSG-Laser-Hybridschweißen geläufige Verfahrensvariante eignet sich besonders zum Schweißen von Bauteilen mit hohen Blechdicken und ist im Bereich des Schiff- oder Kranbaues ein gängiges Verfahren. Im Karosseriebau ist dieses Verfahren beispielsweise beim Schweißen von Aluminiumbauteilen in Verwendung. [19, 82, 28, 110, 88, 32] Nachteil dieser Verfahrensvariante ist, im Vergleich zum konventionellen Laserstrahlschweißen, die Zunahme der eingebrachten Wärmemenge und die zusätzliche Anlageninvestition durch das zusätzliche MSG-Schweißverfahren.

In der Literatur werden sehr viele Ansätze zur Vermeidung der Entgasungsproblematik des verdampften Zinkes beim Schweißen am Nullspalt zwischen den Blechen beschrieben. Dabei werden vorrangig Maßnahmen ergriffen, die den Spalt zwischen den Blechen auf einen definierten Minimal-Spalt einstellen und somit den kritischen Nullspaltbereich vermeiden. Eine Möglichkeit für diese Maßnahme ist zum Beispiel, die Bauteile während des Schweißens mittels einer aktiven Spannvorrichtung aufeinander zu oder voneinander weg zu positionieren [101]. Weiterhin kann eine Entweichung des verdampften Zinkes ermöglicht werden durch das Aufbringen von aufgerauten [7] oder genoppten [1, 108, 107, 34] Oberflächen zwischen den Blechen oder durch das Schweißen an definiert aufgebogenen Blechen [31, 57, 81]. Bei diesen Varianten wird nicht die Robustheit des Verfahrens vergrößert. Es werden lediglich die Bereiche vermieden, in denen es nicht möglich ist anforderungsgerechte Verbindungen herzustellen. In der Literatur werden aber auch Möglichkeiten beschrieben trotz eines vorhandenen Nullspaltes die Entgasung der verdampfenden Zinkbeschichtung zu ermöglichen. Nach [98] ist dies zum Beispiel durch eine Modulation der Laserstrahlleistung möglich oder nach [125] durch eine Veränderung der Keyhole-Geometrie.

2.3.3. Widerstandspunktschweißen

Widerstandspunktschweißen im Karosseriebau

In der dünnblechverarbeitenden Industrie hat das Widerstandspunktschweißen eine bedeutende Stellung erlangt und ist besonders im Karosseriebau weit verbreitet [12]. Das Widerstandspunktschweißen ist ein Pressschweißverfahren. Über die Elektroden wird Kraft auf die Fügeverbindung ausgeübt, die Wärme wird über Widerstandserwärmung erzeugt [63, 68, 15].

Bei diesen Verfahren entsteht eine punktförmige Verbindung an sich überlappenden Blechen. Der größte Vorteil des Verfahrens im Karosseriebau ist, dass durch die Schweißzange die Spanntechnik in den Fügeprozess integriert ist. Konventionelles Widerstandspunktschweißen erfordert eine zweiseitige Zugänglichkeit. Der Nachteil dabei ist eine Einschränkung in der Zugänglichkeit durch den Zangenarm.

Geometrische Ungenauigkeiten, welche Einfluss auf das Verfahren und somit auf die Qualität der Fügeverbindung haben, sind zum einen der Abstand zwischen den Fügepartnern, und zum anderen die Orientierung vom Werkzeug zum Werkstück in Winkel und Lage. Eine Abweichung im Winkel von Werkzeug und Werkstück bewirkt ein schiefes Aufsetzen der Elektroden und führt hierdurch zu deformierten Blechen und einem unsauberen (verkanteten) Elektrodeneindruck. Abweichungen in der Position der Punktlage können zu geringen Punktabständen und damit zu Prozessunsicherheiten durch Nebenschlusseinflüsse führen. Bei Spalten zwischen den Bauteilen werden während des Widerstandspunktschweißens die Bleche mit der Schweißzange verformt und zusammengedrückt. Diese Kraft zum Verformen steht dem Fügeprozess nicht mehr zur Verfügung. Die Kraft beim Widerstandspunktschweißen hat einen großen Einfluss auf die notwendigen Kontaktbedingungen zwischen den Blechen und somit auf die entstehende Verbindung. Werkstoffzusammensetzung, Blechdicke und die Bauteilsteifigkeit im Bereich der Fügeverbindung haben einen Einfluss auf die notwendige Verformungskraft. Mit steigender Steifigkeit, größerer Werkstofffestigkeit und zunehmender Blechdicke steigt die notwendige Verformungskraft. Aus diesem Grund werden schlechte Passungen an höherfesten Materialien als erheblich kritischer gesehen als bei normalfesten Werksstoffvarianten. [38]

Erweiterung der Robustheit gegenüber Bauteilabweichungen beim Widerstandspunktschweißen

Der Hauptparameter bei dem Widerstandspunktschweißen ist der Schweißstrom. Dieser beeinflusst die durch Widerstandserwärmung erzeugte Wärme zwischen den Blechen am stärksten. Ist der Schweißstrom zu gering, kann durch Widerstandserwärmung nicht genug Wärme zwischen den Blechen entstehen und die Verbindungsfläche ist zu klein. Ist der Strom zu hoch entsteht zu viel Wärme zwischen den Blechen. Das Material wird flüssig und spritzt zwischen den Blechen heraus. Der Schweißstromeinstellbereich (ΔI) zwischen diesen beiden Grenzen wird als Schweißbereich bezeichnet. Der Schweißbereich ist ein Maß für die Robustheit des Widerstandspunktschweißverfahrens gegenüber geometrischen Schwankungen der Bauteile im Bereich der Fügeverbindung. Er lässt sich durch Schweißzeitverlängerung und eine Schweißkrafterhöhung vergrößern [51, 121, 26] (vgl. Abbildung 2.15). Eine Verlängerung der Schweißzeit hat zum Nachteil, dass die Menge der eingebrachten Wärme und die Fertigungszeit zum Herstellen einer Verbindung zunehmen. Eine Erhöhung der Schweißkraft hat zum Nachteil, dass steifere Zangenarme benötigt werden. Steifere Zangenarme sind schwerer was größere Roboter erfordert, sind größer was die Zugänglichkeit verringert oder haben eine geringere Ausladung, so dass ein Schweißen von Widerstandspunktschweißverbindungen die weiter vom Bauteilrand entfernt sind erschwert wird.

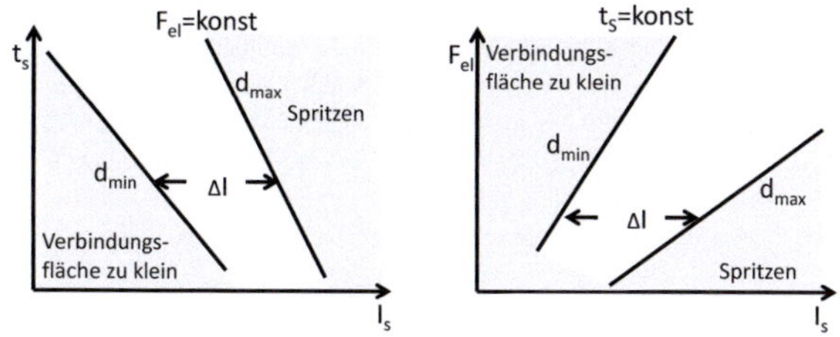

Abbildung 2.15.: Einfluss der Schweißkraft und der Schweißzeit auf dem Schweißbereich [51]

Die Möglichkeit, Spalte durch eine definierte Schweißzeitverlängerung zu überbrücken, wird in [18] beschrieben. Dabei wird durch die Spaltüberbrückung ein nicht punktschweißgeeignetes Bauteil zwischen zwei mit Widerstandspunktschweißen verbundene Bleche geklemmt (vgl. Abbildung 2.16).

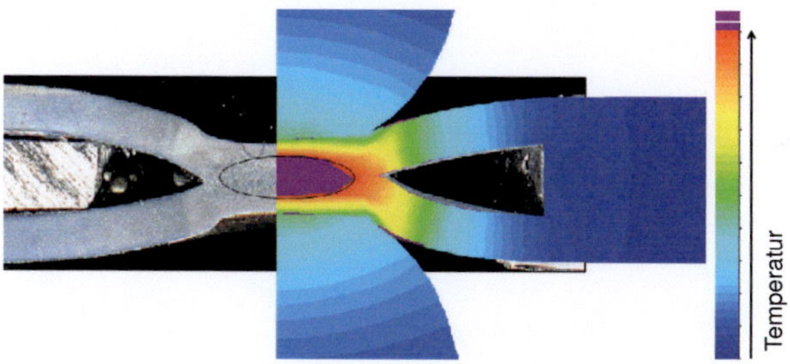

Abbildung 2.16.: Spaltüberbrückung durch definierte Schweißzeitverlängerung (simulierter Wärmeverlauf rechts; metallografischer Querschliff links) [18]

Die Prozesstechnik hat es in den letzten Jahren ermöglicht, Qualitätsregelsysteme für das Widerstandspunktschweißen zur Anwendung zu bringen. Mit diesen ist es möglich durch Aufnahme und Auswertung bestimmter physikalischer Größen (Führungsgrößen) den Schweißprozess zu überwachen und, wenn erforderlich, in diesen einzugreifen. Zum Ausgleich der aufgetretenen Störungen, wie zum Beispiel Spalte zwischen den Blechen, werden Parameter wie zum Beispiel der Schweißstrom, die Schweißzeit oder die Zangenkraft automatisch angepasst. Somit ist es möglich bei variablen geometrischen Randbedingungen einen gleichbleibenden Punktdurchmesser zu erhalten. [16, 86, 3]

2.4. Ableitung von Maßnahmen im Umgang mit geometrischen Bauteilabweichungen im Bereich der Fügeverbindung

In einer Massenfertigung, wie der im Automobilen-Karosseriebau, ist es wirtschaftlich nicht sinnvoll beliebig ungenaue Bauteile zu positionieren und automatisiert verschweißen zu lassen. Die geometrischen Arbeitsbereiche der Fügeverfahren sind in der Regel kleiner als mögliche Bauteilabweichungen an den Flanschen im Bereich der Fügestelle. Abbildung 2.17 zeigt beispielhaft eine Verteilung von Abweichungen im Bereich der Fügeverbindung und den Arbeitsbereich eines beispielhaften Fügeverfahrens. Bei größeren geometrischen Abweichungen im Bereich der Fügeverbindung, also außerhalb des Arbeitsbereiches des Fügeverfahrens, kommt es zu fehlerhaften Verbindungen.

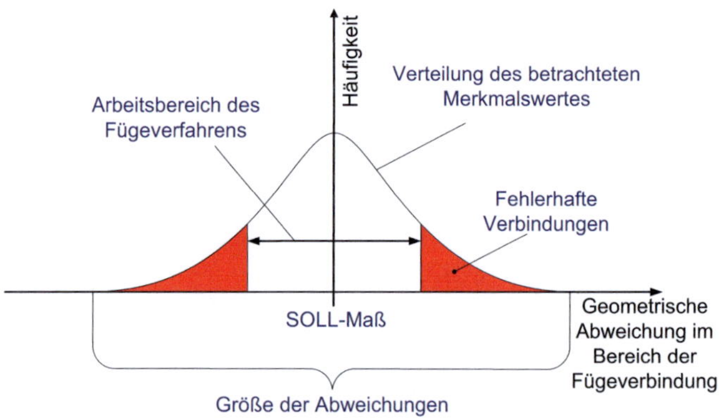

Abbildung 2.17.: Beispielhafte Verteilung einer Abweichung und beispielhafter Arbeitsbereich eines Fügeverfahrens

Der meist starre Arbeitsbereich der Fügeverfahren deckt sich nicht ohne weitere Maßnahmen mit den auftretenden Spalten oder Kantenversätzen. Aus diesem Grund sind zusätzliche Maßnahmen notwendig, die die auftretenden Abweichungen minimieren oder kompensieren und somit eine anforderungsgerechte Verbindung ermöglichen. Prinzipiell sind zwei Maßnahmen geläufig:

- Reduzierung der möglichen Maßabweichung im Bereich der Fügeverbindung
- Anpassung der Fügeprozesse an Maßabweichungen von Bauteilen im Bereich der Fügeverbindung

2.4.1. Reduzierung der möglichen Maßabweichung im Bereich der Fügeverbindung

In Analogie zur Abbildung 2.17 ist in Abbildung 2.18 das Prinzip der Maßnahme beschrieben die vorhandenen Abweichungen im Bereich der Fügeverbindung einzuengen. Dies ist möglich durch die Reduzierung von Bauteilabweichungen mittels:

- genauerer Fertigung der Bauteile,
- durch Einengung der geometrischen Abweichungen am Fügeflansch mittels Einsatz von Spanntechnik.

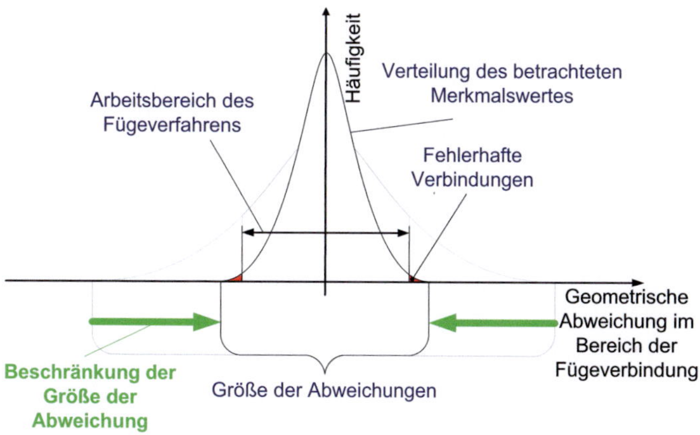

Abbildung 2.18.: Reduzierung der möglichen Maßabweichung im Bereich der Fügeverbindung

Im Karosseriebau wird sehr häufig zum Erreichen der notwendigen Maßhaltigkeit Vorrichtungs- und Spanntechnik verwendet. Nachteilig ist hier, dass bei zu großen Maßabweichungen der Einzelteile die Fügeverbindungen der gefertigten Baugruppen eigenspannungsbehaftet sind und die Baugruppen zu Verzügen neigen [45, 55, 117]. Der Einsatz von Spanntechnik ist mit zusätzlichen Anlageninvestitionen verbunden und in einigen Fällen kann es durch aufwändige Spannprozesse zu einer Verlängerung der Fertigungszeiten kommen. Ebenso kann es durch zu aufwändige Spannvorrichtungen zu einer Einschränkung in der Zugänglichkeit für die Fügewerkzeuge kommen.

In der Literatur sind mehrere Beispiele zu finden, die zu einer weiteren Reduzierung der Bauteilabweichung beitragen und somit ebenso die Maßabweichung im Bereich der Fügestelle reduzieren. Einige davon beschäftigen sich mit aktiven Produktionswerkzeugen. So ist zum Beispiel in [96] zur Reduzierung von Einzelteilabweichungen und von Falten der Bauteile die Verwendung von aktiven elastischen Niederhaltern bei den Umformwerkzeugen im Presswerk beschrieben. Eine Verwendung von geregelten Spannsysteme für den Karosseriebau wird beispielsweise in [9, 84] beschrieben.

Die Vielfalt dieser Möglichkeit zeigt, dass große Anstrengungen zur Minimierung der Einzelteilabweichungen getätigt werden. Grundsätzlich haben alle diese Varianten die Gemeinsamkeit, dass eine genauere Fertigung der Bauteile mit erheblicher Kostensteigerung entlang der gesamten vorgelagerten Produktionskette verbunden ist. Eine Verbesserung der Teilegenauigkeit ist auch nicht unbegrenzt möglich und die Kosten steigen im exponentiellen Verhältnis zur Genauigkeitsverbesserung [35, 41, 123]. (vgl. Abbildung 2.19)

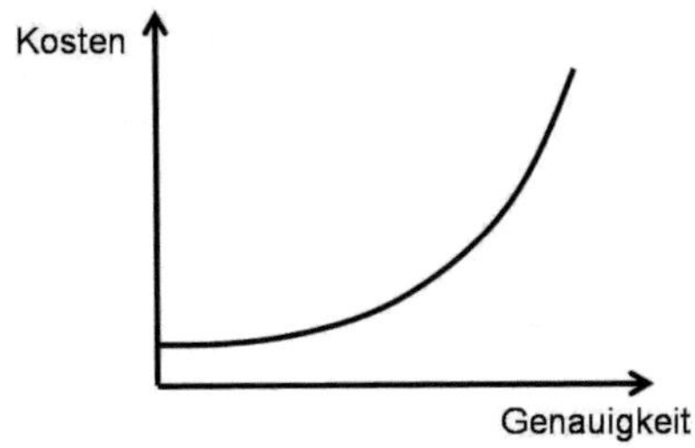

Abbildung 2.19.: Angenäherter Zusammenhang zwischen Genauigkeit und Fertigungskosten [35, 41]

2.4.2. Anpassung der Fügeprozesse an Maßabweichungen von Bauteilen im Bereich der Fügeverbindung

Das Anpassen der Fügeprozesse an schwankende Maßhaltigkeiten der Bauteile (vgl. Abbildung 2.20) ist zum einen durch ein manuelles Anpassen der Parameter oder der Fügepositionen möglich. Der Nachteil bei dieser Variante ist einerseits der kostenintensive Prüfaufwand und andererseits, dass in der Zeit zwischen Prüfteilentnahme und Nachstellen der Parameter oder Fügepositionen weiterhin fehlerhafte Teile produziert werden.

Eine weitere Variante dieser Möglichkeit ist die Verbesserung der Prozesssicherheit des Fügeprozesses im Umgang mit Maßabweichungen im Bereich der Fügeverbindung.

Eine Vergrößerung der Prozesssicherheit (vgl. Abbildung 2.21) ist möglich durch

- die Wahl robuster Fügeparameter oder
- die Wahl eines robusteren Alternativfügeverfahrens.

Mit der Wahl robusterer Fügeparameter ist es möglich in einem größeren Bereich variabler Spalte oder Kantenversätze eine anforderungsgerechte Verbindung herstellen. Als Beispiel sei eine Verlängerung der Schweißzeit beim Widerstandspunktschweißen [51] oder eine Erhöhung der Drahtvorschubgeschwindigkeit beim MSG-Schweißen [12] zu nennen. Nachteilig bei dieser Variante ist der mit robusten Parametern häufig verbundene erhöhte Wärmeeintrag und der damit verbundene Bauteilverzug oder die Verlängerung der Fertigungszeit einer Fügeverbindung.

Mit der Wahl eines robusteren Alternativfügeverfahrens ist es ebenso möglich den Bereich variabler Spalte oder Kantenversätze zu vergrößern. Als Beispiel sei der Einsatz von MSG- anstelle von Laserstrahlschweißen genannt. Dies ist jedoch nicht immer ohne weiteres möglich, da die

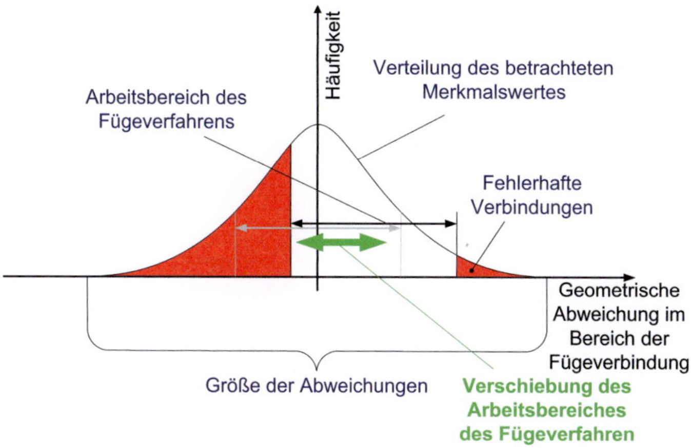

Abbildung 2.20.: Anpassung der Fügeprozesse an variable Spalte und Versätze (Verschieben des Fügeprozessfensters)

Auswahl eines Verfahrens von weiteren Verfahrensmerkmalen abhängig ist. Als Beispiel seien Merkmale wie Fertigungsgeschwindigkeit, Verbindungsfestigkeit, Aussehen der Fügeverbindung und Wärmeeintrag zu nennen, welche die im Karosseriebau eingesetzten Fügeverfahren stark voneinander differenzieren. (Tabelle 2.2)

Tabelle 2.2.: Gegenüberstellung ausgewählter Eigenschaften verschiedener Schweißprozesse [87]

Schweißverfahren	**Laser**	**MSG**	**MSG-Laser-Hybrid**
Schweißgeschwindigkeit	++	-	++
Anforderung an Nahtvorbereitung	-	++	+
Geringe Wärmeeinbringung	++	-	++
Spalttoleranz	-	++	+

(++ gut ausgeprägt; + mittelmäßig ausgeprägt, - gering ausgeprägt)

Eine Steigerung der Robustheit von Fügeverfahren ist auch durch den Einsatz von geregelten Fügeprozessen möglich, die Maßabweichungen durch Sensorsysteme erkennen und automatisch die Position und/oder die Parameter an die vorliegenden geometrischen Bedingungen anpassen. Nachteil dieser Variante sind kostenintensivere Fügeanlagen, oftmals erhöhte Fertigungszeiten und ein erhöhter Aufwand bei der Einstellung der Parameter und der Regelbereiche.

Weitere Beispiele für diese Maßnahme finden sich in Kapitel 2.3.

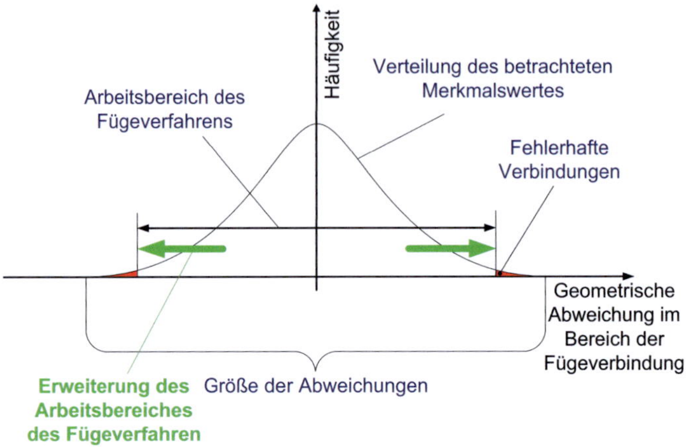

Abbildung 2.21.: Erweitern der Prozesssicherheit des Fügeprozesses

Fazit aus dem Stand der Technik:

Die übliche Herangehensweise im Karosseriebau ist es, Fehler durch Bauteilabweichungen im Vorfeld zu vermeiden, indem geometrisch genauere Halbzeuge gefertigt werden. Aus wirtschaftlichen Gesichtspunkten ist diese Maßnahme jedoch nicht immer der richtige Weg, da eine Zunahme der Genauigkeit mit höheren Fertigungskosten entlang der gesamten vorgelagerten Produktionskette verbunden ist. Ziel dieser Arbeit ist die Untersuchung der Möglichkeit, die Prozesssicherheit im Umgang mit Bauteilabweichungen durch robuste Fügeverfahren oder robuste Parametersätze zu erhöhen. Ein genereller Einsatz von robuster Fügetechnik macht allerdings keinen Sinn, da robuste Parameter oder Verfahrensvarianten häufig mit Nachteilen behaftet sind. Für eine genauere Beschreibung von Anwendungsgebieten robuster Fügetechnik widmet sich das nachfolgende Kapitel ausführlich dem Stand der Praxis. Hierbei werden die Ursachen von fehlerhaften Verbindungen untersucht und die räumliche Verteilung dieser fehlerhaften Fügestellen beschrieben.

3. Stand der Praxis - Studie zur Ermittlung der Ursache von fehlerhaften Verbindungen

In diesem Teil der Arbeit wird, mit der Methode der deskriptiven Statistik [114, 14], aus einer großen Datenmenge der Qualitätssicherung und durch Experteninterviews untersucht was für Fehler beim Schweißen von Karosseriebauteilen auftreten, wie es zu diesen Fehlern kommt und wie groß der Einfluss von Bauteilabweichungen auf die Qualität der Schweißverbindungen ist.

Die Basis für diese Untersuchung bilden Daten von serienbegleitenden Qualitätskontrollen im Karosseriebau des Fahrzeugherstellers Volkswagen am Fertigungsstandort Wolfsburg über einen Zeitraum von 1,5 Jahren [10]. In diesem Zeitraum wurden circa 2000 Fahrzeuge pro Tag produziert. Bei diesen Qualitätskontrollen werden Fügeverbindungen in regelmäßigen Prüfrhythmen auf vorher festgelegte Unregelmäßigkeiten hin kontrolliert. Hierfür werden der laufenden Produktion Teile entnommen und die Qualität der Fügeverbindungen dieser Teile überprüft und dokumentiert. Ziel dieser Qualitätskontrolle ist es die Fertigungsprozesse und Fügeverfahren fortlaufend zu optimieren und festgestellte Fehler zukünftig zu vermeiden.

Für diese Auswertung werden Daten einer im Rahmen dieser Arbeit als **„Kleine Qualitätsprüfung“** (kurz: KQ) und einer als **„Große Qualitätsprüfung“**(kurz: GQ) bezeichneten Qualitätskontrolle verwendet. Diese Qualitätskontrollen unterscheiden sich in ihrer Tiefgründigkeit, den verwendeten Prüfverfahren, den betrachteten Merkmalen und der Häufigkeit der durchgeführten Prüfung. Bei der Kleinen Qualitätsprüfung handelt es sich um eine schnell und somit häufig durchzuführende Qualitätsprüfung. Dabei wird jeder Fertigungsanlage im Karosseriebau pro Schicht ein Teil entnommen, die Qualität der Verbindung mit schnell durchzuführenden Prüfverfahren kontrolliert und falls notwendig Maßnahmen zur Qualitätsverbesserung eingeleitet. Da bei diesen schnell durchführbaren Prüfverfahren nicht alle Qualitätsmerkmale betrachtet werden können, wird ergänzend zu dieser Kleinen Qualitätsprüfung die Große Qualitätsprüfung durchgeführt. Bei der zeitlich etwas aufwändigeren Großen Qualitätsprüfung wird jeweils alle 20-30 Produktionstage ein Bauteil aus jeder Produktionsanlage entnommen und mit weiteren Prüfverfahren zusätzliche Qualitätsmerkmale der Verbindung erfasst.

Bei den unzulässigen Unregelmäßigkeiten der Verbindungen, die in der häufig durchgeführten Kleinen Qualitätsprüfung erkannt werden, werden entsprechende Maßnahmen zur Qualitätsverbesserung eingeleitet. Aus diesem Grund treten diese in der Großen Qualitätsprüfung in einer unterrepräsentativen Häufigkeit auf. Im Gegenzug dazu sind unzulässige Unregelmäßigkeiten, die ausschließlich in der Großen Qualitätsprüfung erkannt werden können, entsprechend überrepräsentiert. Durch die unterschiedlichen Prüfverfahren, die Unterschiede in den betrachteten Merkmalen und die unterschiedliche Häufigkeit der durchgeführten Prüfungen unterscheiden sich diese beiden Qualitätskontrollen teilweise in ihrer Aussage voneinander und können daher nur gemeinsam betrachtet werden. Aus ihnen können Rückschlüsse über die vorrangigen Probleme der Fügeverfahren und somit ein Optimierungsbedarf abgeleitet werden.

Anhand dieser Daten über die Qualität von Fügeverbindungen im Karosseriebau sind für die thermischen Schweißverfahren Widerstandspunkt-, MSG- und Laserstrahlschweißen die am häufigsten festgestellten unzulässigen Unregelmäßigkeiten und die räumliche Verteilung der fehlerhaften Verbindungen dargestellt. Als **Unregelmäßigkeit** ist dabei eine Fehlstelle in der Schweißung oder eine Abweichung von der vorgesehenen Geometrie der Verbindung definiert. Unzulässige Unregelmäßigkeiten werden als **Fehler** bezeichnet [74]. Die jeweiligen Hauptursachen für unzulässige Unregelmäßigkeiten und die Ursache für die räumliche Verteilung fehlerhafter Verbindungen wurden auf Basis von Experteninterviews erarbeitet. Die Experteninterviews wurden mit Mitarbeitern der Produktionslinien, der Qualitätsprüfung, der Konstruktion und mit Mitarbeitern von Fachabteilungen der Schweißtechnik im Karosseriebau durchgeführt. Die Daten im Rahmen dieser Auswertung werden in relativer Form und ohne Bezug zu den absoluten Fehlerzahlen dargestellt. Die Vorgehensweise dieser Untersuchung ist in Abbildung 3.1 dargestellt.

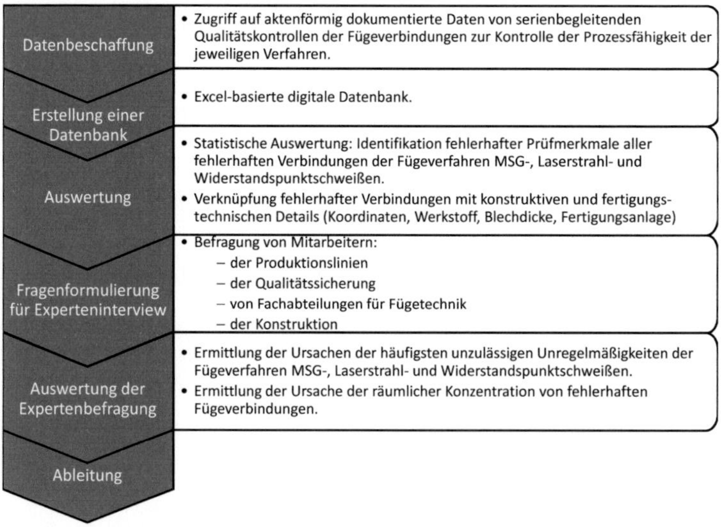

Abbildung 3.1.: Vorgehensweise bei der Ermittlung der Ursachen von fehlerhaften Schweißverbindungen im Karosseriebau

3.1. Unzulässige Unregelmäßigkeiten bei den Hauptfügeverfahren im Karosseriebau

Unabhängig von der Gesamtzahl der aufgetretenen Fehler werden in diesem Abschnitt die häufigsten unzulässigen Unregelmäßigkeiten von fehlerhaften Fügeverbindungen der Verfahren MSG-, Laserstrahl- und Widerstandspunktschweißen im Karosseriebau dargestellt und deren Hauptursachen erläutert. Dabei werden allgemeine sowie bauteilabweichungsbedingte Ursachen getrennt voneinander herausgearbeitet. Fehlerhafte Verbindungen können mehrere unzulässige Unregelmäßigkeiten besitzen. Zum Beispiel kann sich eine Widerstandspunktschweißverbindung an einer unzulässigen Position befinden und gleichzeitig einen zu kleinen Punktdurchmesser besitzen. In den dazugehörigen Tabellen im Anhang bezieht sich die prozentuale Angabe nicht auf alle fehlerhaften Verbindungen, sondern auf die Gesamtheit aller unzulässigen Unregelmäßigkeiten.

3.1.1. MSG-Schweißen

In Abbildung 3.2 sind für MSG-Schweißverbindungen die verwendeten Prüfverfahren der im Rahmen dieser Auswertung betrachteten Kleinen und Großen Qualitätsprüfung, sowie die jeweils betrachteten Prüfmerkmale dargestellt. Bei der Kleinen Qualitätsprüfung wurde eine Sichtprüfung durchgeführt und die Verbindungsqualität anhand von Grenzmustern bewertet. Die Verbindungsqualität bei der Großen Qualitätsprüfung wird durch eine Sichtprüfung, sowie durch eine Metallographische Prüfung ermittelt und in Anlehnung an die DIN EN ISO 5817 bewertet [73].

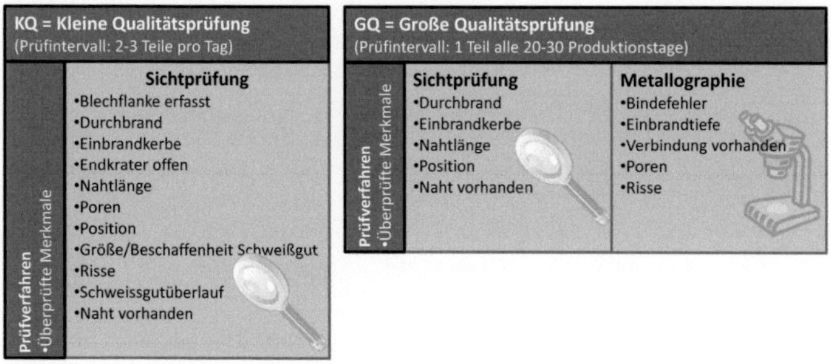

Abbildung 3.2.: Prüfverfahren und Prüfmerkmale der Großen und Kleinen Qualitätsprüfung beim MSG-Schweißen

Die am häufigsten festgestellten unzulässigen Unregelmäßigkeiten ($\geq$10%) und deren Ursachen sind:

- **„Größe / Beschaffenheit Schweißgut fehlerhaft"** – Die am häufigsten beanstandete Unregelmäßigkeit bei der Sichtprüfung der kleinen Qualitätskontrolle ist die Größe und die Beschaffenheit des Schweißgutes.
  Allgemeine Ursachen: Im automatisierten Karosseriebau kommt es zu dieser Unregelmäßigkeit durch Verschmutzung der Gasdüse infolge von Schweißspritzern.
  Bauteilabweichungsbedingte Ursachen: Ebenso führen große Spalte zwischen den Blechen oder Abweichungen in der Position der Bauteilkante zu einem unruhigen Nahtverlauf. In Folge dessen kommt es zu einer deutlichen Abweichung der Naht, in ihrer Größe und der Beschaffenheit des Schweißgutes, von einer idealen Naht. (vgl. Abbildung 3.3)
- **„Durchbrand"** – Bei dieser Unregelmäßigkeit handelt es sich um ein durchgehendes Loch in der Schweißnaht.
  Allgemeine Ursachen: Zu einem Durchbrand kommt es, wenn die eingebrachte Wärme im Bereich der Naht zu hoch ist und durch Schwerkrafteinflüsse oder durch den durchstechenden Zusatzwerkstoff ein Loch in der Naht entsteht.
  Bauteilabweichungsbedingte Ursachen: Im automatisierten Karosseriebau kommt es zum Durchbrand wenn große Spalte oder Kantenversätze die Naht auf das Unterblech

verschieben. Die Wärme ist dann für das einzelne Blech zu groß und es entsteht ein Durchbrand. (vgl. Abbildung 3.4)

- **„Einbrandtiefe zu klein“** – Zur sicheren Beurteilung einer vorhandenen Anbindung beim MSG-Schweißen im Karosseriebau wird, in Abweichung von der verwendeten DIN EN ISO 5817, bei dieser Untersuchung eine Solleinbrandtiefe f von f $\geq$ 0,2 mm verlangt [78].
  ALLGEMEINE URSACHEN: Zu einer Verringerung des Einbrandes kommt es durch Reduzierung der eingebrachten Streckenenergie, zum Beispiel bei geringem Drahtvorschub oder zu hoher Schweißgeschwindigkeit. Ebenso können falsche Brennerwinkel zu einer Verringerung der Einbrandtiefe führen.
  BAUTEILABWEICHUNGSBEDINGTE URSACHEN: Bei Schwankungen in Maß, Form oder Lage der Bauteile kann sich die Schweißposition zum Oberblech verschieben. Infolgedessen ist die eingebrachte Wärme durch den Lichtbogen nicht ausreichend, um beide Bleche vollständig aufzuschmelzen und einen ausreichenden Einbrand im unteren Blech zu erzeugen. (vgl. Abbildung 3.5) (vgl. Abbildung 3.5)
- **„Nahtlänge n.i.O.“** – Bei dieser Unregelmäßigkeit weicht die vorhandene Länge der Naht von der vorgeschriebenen Solllänge ab.
  ALLGEMEINE URSACHEN: Zu einer abweichenden Nahtlänge kommt es vorrangig durch falsche Programmierung der Schweißroboter oder durch manuelle Nacharbeit.
  BAUTEILABWEICHUNGSBEDINGTE URSACHEN: Ebenso kann ein Versatz der Bauteilkante oder ein zu großer Spalt zwischen den Blechen dazu führen, dass keine Anbindung über die volle Nahtlänge vorhanden ist und somit die angebundene Nahtlänge von der Solllänge abweicht. (vgl. Abbildung 3.6)
- **„Keine Verbindung vorhanden“** – Bei dieser Unregelmäßigkeit ist keine tragende Verbindung zwischen den Bauteilen vorhanden.
  BAUTEILABWEICHUNGSBEDINGTE URSACHEN: Zu große Spalte zwischen den Blechen und ein seitlicher Versatz der Schweißposition können dazu führen, dass die Bleche nicht mehr verbunden werden und die Naht neben der vorgesehenen Fügeverbindung entsteht. (vgl. Abbildung 3.7)
- **„Poren“** – Die Naht enthält Gasblasen. Bei ungünstigen Entgasungsbedingungen für das verdampfende Zink strömt dieses während des Schweißens durch die Schmelze an die Oberfläche. Bei Erstarrung der Schmelze kommt es zu gasförmigen Einschlüssen des verdampften Zinkes.
  ALLGEMEINE URSACHEN: Ursache für eine Porenbildung beim MSG-Schweißen verzinkter Bleche können ungünstige Schweißpositionen sein. (vgl. Abbildung 3.8)

Im Anhang A.1 ist für fehlerhafte MSG-Verbindungen die detaillierte Verteilung der aufgetretenen unzulässigen Unregelmäßigkeiten der kleinen Qualitätsprüfung und im Anhang A.2 die detaillierte Verteilung der unzulässigen Unregelmäßigkeiten der großen Qualitätsprüfung dargestellt.

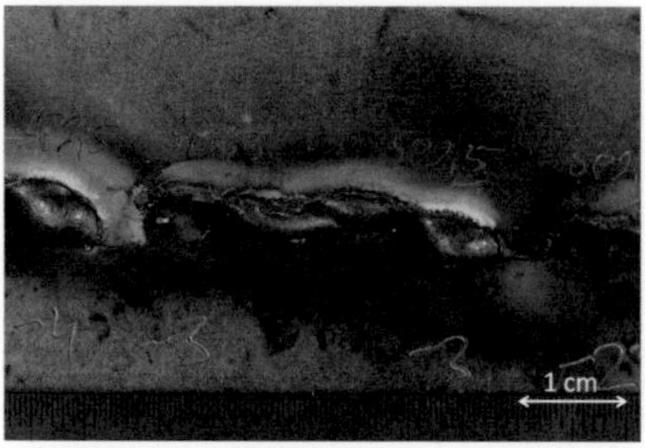

Abbildung 3.3.: Fehlerhafte Fügeverbindung durch unzulässige Abweichung in Größe / Beschaffenheit Schweißgut

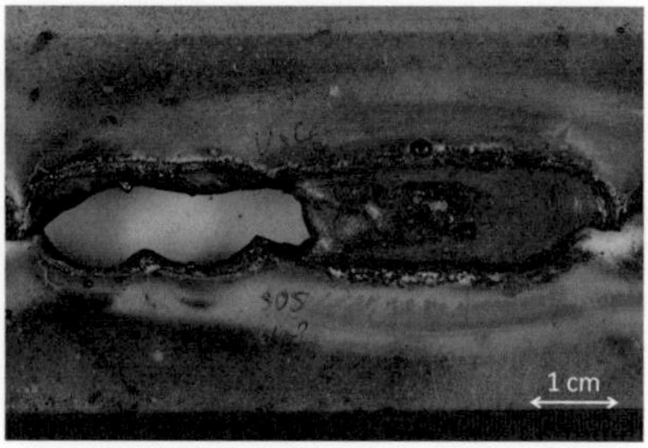

Abbildung 3.4.: Fehlerhafte Fügeverbindung aufgrund von Durchbrand

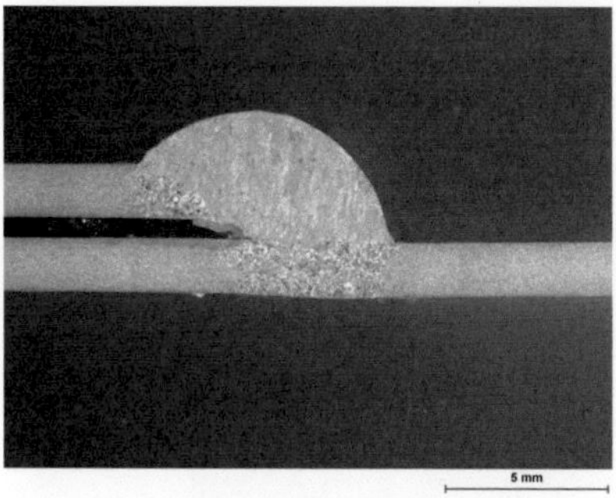

Abbildung 3.5.: Fehlerhafte Fügeverbindung durch zu geringe Einbrandtiefe

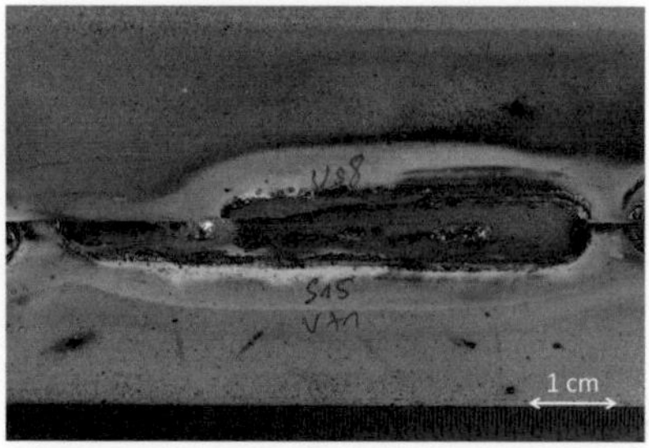

Abbildung 3.6.: Fehlerhafte Fügeverbindung durch abweichende Nahtlänge aufgrund eines Spaltes zwischen den Blechen

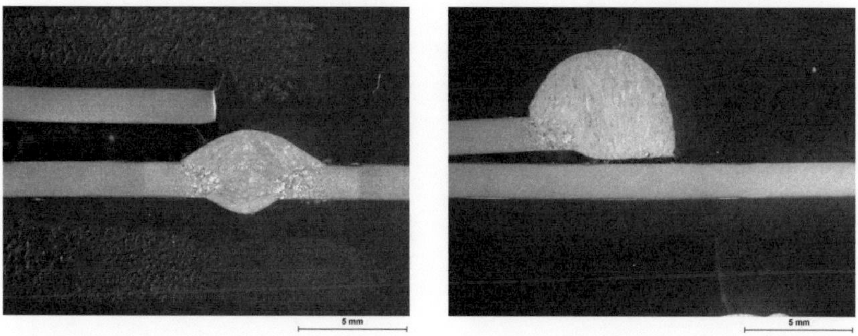

Abbildung 3.7.: Fehlerhafte Fügeverbindung durch fehlende Anbindung zwischen den Blechen

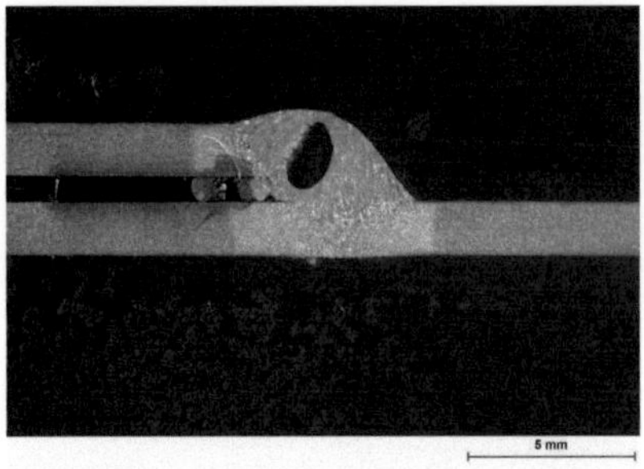

Abbildung 3.8.: Fehlerhafte Fügeverbindung durch Poren in der Naht

3.1.2. Laserstrahlschweißen

Für die Laserstrahlverbindungen sind in Abbildung 3.9 die verwendeten Prüfverfahren der im Rahmen dieser Auswertung betrachteten kleinen und großen Qualitätsprüfung und den jeweils betrachteten Prüfmerkmalen dargestellt. Bei der kleinen Qualitätsprüfung wurde eine Sicht-, Keil- und Wärmefluss-Thermografieprüfung durchgeführt. Bei der Sichtprüfung wurde dabei die Verbindungsqualität anhand von Grenzmustern und bei der Wärmefluss-Thermografieprüfung anhand einer Prüfsoftware bewertet. Bei der Keilprüfung wurde ein Flachmeißel neben die Schweißnaht eingetrieben und die Festigkeit der Fügeverbindung überprüft. Die Verbindungsqualität bei der großen Qualitätsprüfung wird durch eine Sichtprüfung sowie durch eine metallographische Prüfung ermittelt und in Anlehnung an die DIN EN ISO 13919-1 bewertet [70].

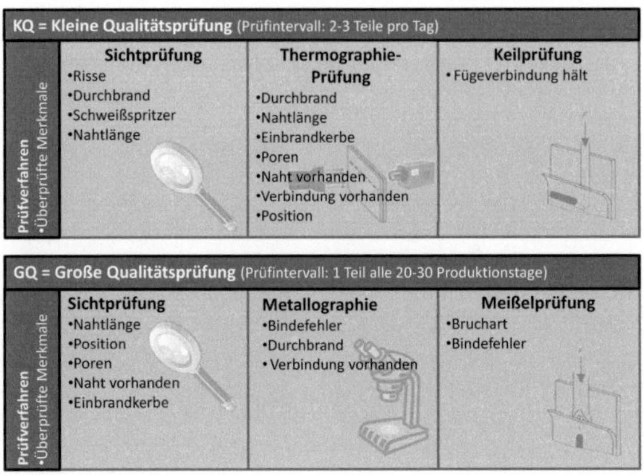

Abbildung 3.9.: Prüfverfahren und Prüfmerkmale der Großen und Kleinen Qualitätsprüfung beim Laserstrahlschweißen

Im Anhang B.1 ist für fehlerhafte Laserstrahlschweißverbindungen die detaillierte Verteilung der aufgetretenen unzulässigen Unregelmäßigkeiten der kleinen Qualitätsprüfung und im Anhang B.2 die detaillierte Verteilung der unzulässigen Unregelmäßigkeiten der großen Qualitätsprüfung dargestellt.

Die am häufigsten festgestellten unzulässigen Unregelmäßigkeiten ($\geq$10%) und deren Ursachen sind:

- **„Poren"** – Bei unzureichenden Entgasungsbedingungen für das verdampfende Zink strömt dieses während des Schweißens durch die Schmelze an die Oberfläche. Es kommt zu Schmelzbadauswürfen und zu einem porösen Erstarren der Schmelze.
  BAUTEILABWEICHUNGSBEDINGTE URSACHEN: Häufigste Ursache für diese Unregelmäßigkeit beim Laserstrahlschweißen im Karosseriebau sind zu kleine Spalte zwischen den Blechen. (Abbildung 3.10)
- **„Nahtunterwölbung"** – Bei einer Nahtunterwölbung handelt es sich um eine Vertiefung in der Nahtoberfläche infolge fehlenden Schweißgutes [74].
  BAUTEILABWEICHUNGSBEDINGTE URSACHEN: Bei dem Laserstrahlschweißen im Karosseriebau tritt vorrangig eine Nahtunterwölbung bei zu großem Spalt zwischen den Blechen auf. Aufgrund des Spaltes kommt es zu einer Ansammlung der Schmelze zwischen Blechen und somit zu einer Unterwölbung der Naht. (Abbildung 3.11)
- **„Keine Verbindung vorhanden"** – Bei dieser Unregelmäßigkeit ist keine tragende Verbindung zwischen den Bauteilen vorhanden.
  BAUTEILABWEICHUNGSBEDINGTE URSACHEN: Bei größeren Spalten zwischen den Bauteilen schmilzt der Laserstrahl zwar beide Blechlagen auf, die Schmelzen verbinden sich jedoch nicht oder nicht vollständig. (Abbildung 3.12)

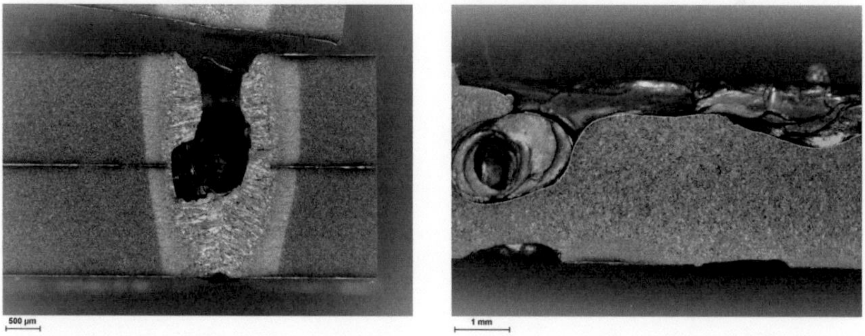

Abbildung 3.10.: Fehlerhafte Fügeverbindung durch Poren in der Naht (links Querschliff; rechts Längsschliff)

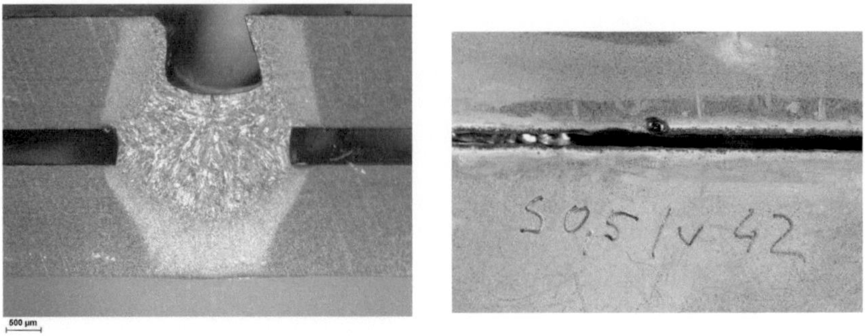

Abbildung 3.11.: Fehlerhafte Fügeverbindung durch unzulässig große Nahtunterwölbung (links Querschliff; rechts Nahtoberseite)

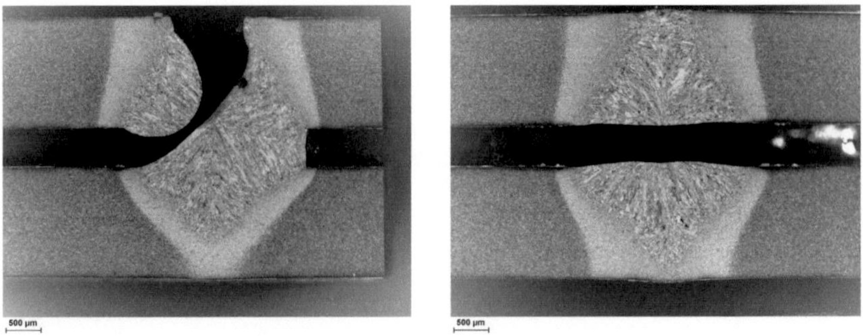

Abbildung 3.12.: Fehlerhafte Fügeverbindung durch fehlende Anbindung zwischen den Blechen

3.1.3. Widerstandspunktschweißen

Die verwendeten Prüfverfahren und die jeweils betrachteten Prüfmerkmale für Widerstandspunktschweißverbindungen sind in Abbildung 3.13 der im Rahmen dieser Auswertung betrachteten kleinen und großen Qualitätsprüfung dargestellt. Die Verbindungsqualität bei der kleinen Qualitätsprüfung wurde mit einer Sicht- und einer Keilprüfung nach DVS 2916-1 [54] ermittelt.

Bei der großen Qualitätsprüfung wurden bei dem Großteil der Verbindungen eine Sicht- und eine Meißelprüfung durchgeführt. Bei Bauteilen aus Werkstoffen mit hoher Festigkeit oder bei Blechdicken ab t = 1,75 mm wurde anstelle der Meißelprüfung eine metallographische Prüfung nach DVS 2916-1 [54] durchgeführt. Für Widerstandspunktschweißverbindungen sind wie in [51, 53] beschrieben keine allgemeinen Aussagen für die Bewertung von Unregelmäßigkeiten vorhanden. Im Rahmen dieser Untersuchung wurden die Unregelmäßigkeiten in Anlehnung an die Prüfvorschrift des Automobilherstellers Volkswagen PV 6702 bewertet [89].

Anhang C.1 zeigt für fehlerhafte Widerstandspunktschweißverbindungen die detaillierte Ver-

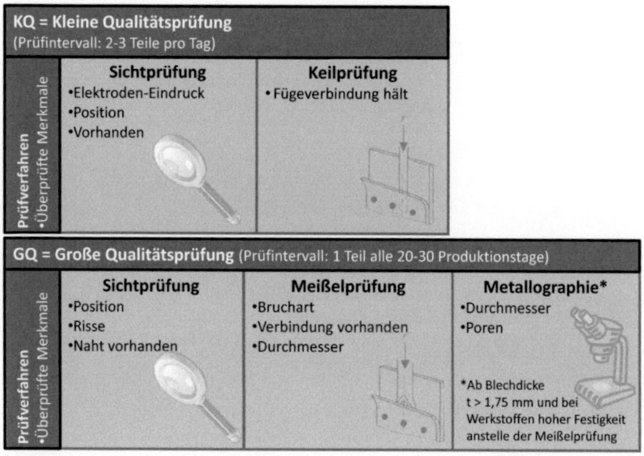

Abbildung 3.13.: Prüfverfahren und Prüfmerkmale der Großen und Kleinen Qualitätsprüfung bei dem Widerstandspunktschweißen

teilung der aufgetretenen unzulässigen Unregelmäßigkeiten der kleinen Qualitätsprüfung und Anhang C.2 die detaillierte Verteilung der unzulässigen Unregelmäßigkeiten der großen Qualitätsprüfung.

Die am häufigsten festgestellten unzulässigen Unregelmäßigkeiten ($\geq$10%) und deren Ursachen sind:

- **„Fügeverbindung hält nicht" und „Punktdurchmesser zu klein"** – Die häufigste Unregelmäßigkeit bei fehlerhaften Punktschweißverbindungen ist ein Versagen der Verbindungen beim Keiltest. Diese Verbindungen haben eine zu kleinen Verbindungsfläche, beziehungsweise im Makroschliff einen zu kleinen Punktdurchmesser. Bei zu kleinen Punktdurchmessern wurde zu wenig Wärme zwischen den Bauteilen erzeugt und das Linsenwachstum konnte nicht abgeschlossen werden.
  Allgemeine Ursachen: Die Ursachen für diesen Fehler können sehr vielfältig sein. Sie lassen sich aber nahezu alle auf veränderte Widerstandsbedingungen zwischen den Blechen oder zwischen Blech und Elektrode zurückführen. Diese können u.a. verursacht werden durch: verschlissene Elektroden, Elektrodenkraftschwankungen, Verschmutzung beziehungsweise Oxidation der Bauteiloberfläche oder Ungleichmäßigkeiten in Beschichtungs- oder Blechdicken.
  Bauteilabweichungsbedingte Ursachen: Häufigste Ursache für zu kleine Punktdurchmesser im Karosseriebau sind allerdings veränderte Kraftbedingungen durch einen Spalt zwischen den Bauteilen. Bei Spalten zwischen den Bauteilen werden während des Widerstandspunktschweißens die Bleche mit der Schweißzange verformt und zusammengedrückt. Diese Kraft zum Verformen steht dem Fügeprozess in der Fügeebene nicht mehr zur Verfügung. Die von der Schweißkraft abhängigen Übergangswiderstände zwischen Elektrode und Blech, beziehungsweise zwischen den Blechen, sind verändert und es kommt zu einer verminderten Linsenbildung. (vgl. Abbildung 3.14)
- **„Elektroden-Eindruck zu tief"** – Bei dieser Unregelmäßigkeit kommt es zu einer Un-

terwölbung an der Blechaußenseite der Schweißverbindung.
ALLGEMEINE URSACHEN: Die häufigste Ursache dabei sind unangepasste Schweißparameter, die zu Spritzern während des Schweißens und somit zu einer Verringerung des Schweißgutes führen. (vgl. Abbildung 3.15)

- **„Position fehlerhaft“** – Bei einer fehlerhaften Position weicht die Ist-Position der Verbindung von ihrer Soll-Position ab. Abweichungen in der Position führen zum Beispiel zu geringen Abständen zwischen den Schweißpunkten oder zu dem Bauteilrand.
BAUTEILABWEICHUNGSBEDINGTE URSACHEN: Zu dieser Unregelmäßigkeit kommt es am häufigsten durch falsche Roboterprogrammierung und durch schwankende Bauteilgeometrien im Bezug zu der starren Werkzeugposition. (vgl. Abbildung 3.16)

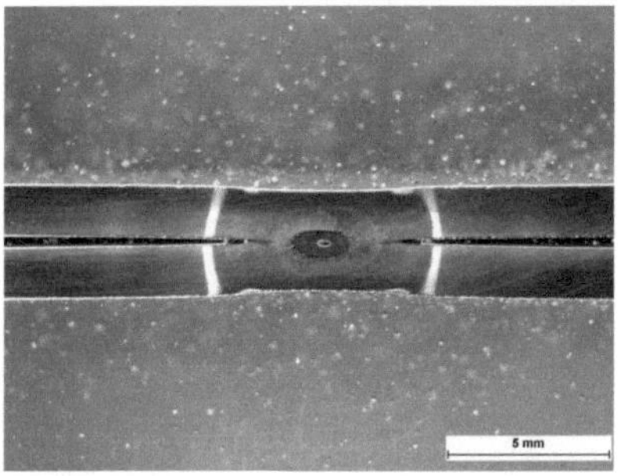

Abbildung 3.14.: Fehlerhafte Fügeverbindung durch zu geringen Schweißlinsendurchmesser

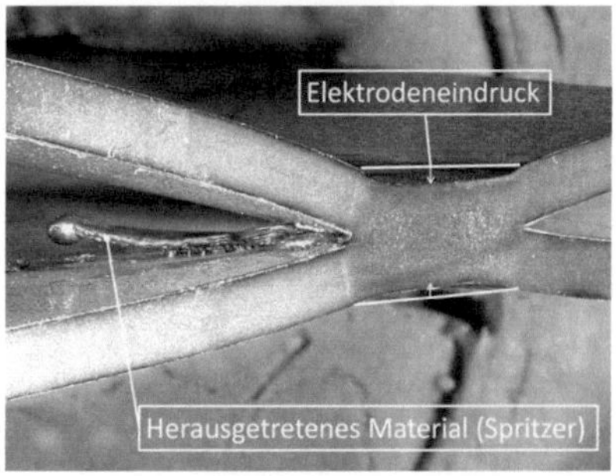

Abbildung 3.15.: Fehlerhafte Fügeverbindung durch zu tiefen Elektrodeneindruck aufgrund von Spritzern (Bleche für Darstellung aufgebogen)

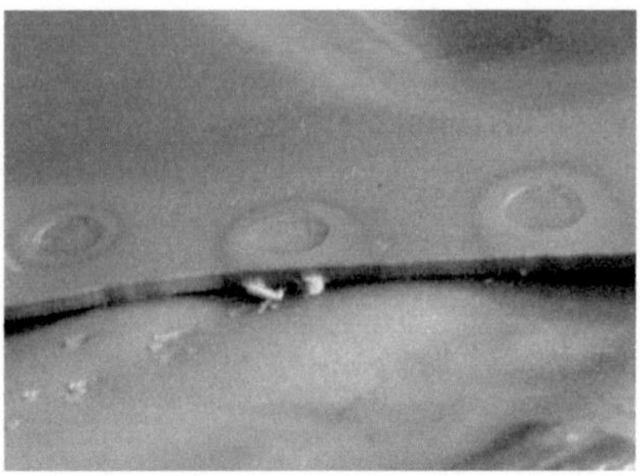

Abbildung 3.16.: Fehlerhafte Fügeverbindung durch falsche Schweißposition (zu nah am Bauteilrand)

Fazit:

Die Ursache für die am häufigsten vertretenen unzulässigen Unregelmäßigkeiten bei den Schweißverfahren MSG-, Laserstrahl- und Widerstandspunktschweißen sind auf geometrische Abweichungen im Bereich der Fügeverbindung zurückzuführen. Dies gilt prinzipiell auch für andere Fügeverfahren im Karosseriebau. So lässt sich zusammenfassen, dass Abweichungen im Bereich der Fügeverbindung die Hauptursache für fehlerhafte Verbindungen im Karosseriebau sind.

3.2. Verteilung der fehlerhaften Verbindungen auf die Karosserie

Für eine weitere Analyse wird in diesem Kapitel untersucht, wo sich die fehlerhaften Fügestellen räumlich an der Karosserie befinden.

Fehlerhafte Verbindungen verteilen sich nicht gleichmäßig auf die gesamte Karosserie. Die Daten aus dieser Untersuchung zeigen, dass es nur wenige Verbindungsstellen sind, an denen es wiederholt zu Verbindungsfehlern kommt.

Im Rahmen dieser Auswertung wurden, wie in Abbildung 3.17 beispielhaft verdeutlicht, die Verbindungsstellen nach der Anzahl der Fehler an der jeweiligen Verbindungsstelle sortiert. Am Großteil der Fügeverbindungen treten keine Fehler auf (linken Teil der Abbildung 3.17). Bei einem kleinen Anteil der Verbindungen hingegen kommt es häufiger zu Fehlern (rechter Teil der Abbildung 3.17).

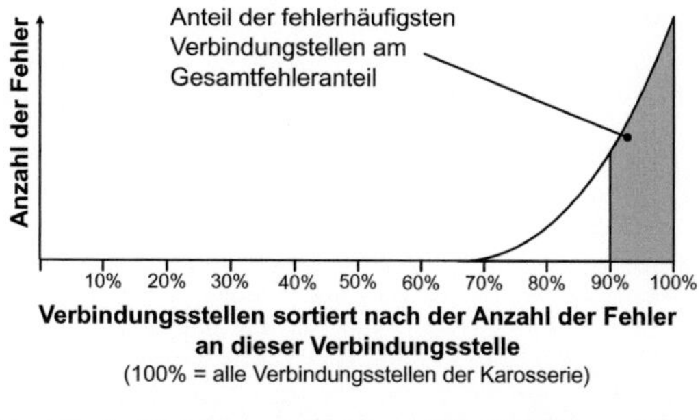

Abbildung 3.17.: Beispielhafte Verteilung der Fehler auf die Verbindungsstellen (Verbindungstellen mit geringem Fehleranteil links; Verbindungstellen mit hohem Fehleranteil rechts)

Werden insbesondere die Merkmalswerte betrachtet, die als Folge unangepasster Parameter auf vorhandene Abweichungen im Bereich der Fügeverbindung zu Fehlern führen, so ergibt sich die in Tabelle 3.1 dargestellte Verteilung. In dieser Tabelle ist der Fehleranteil der abweichungsbedingten fehlerhäufigsten Verbindungsstellen (10% aller Verbindungstellen) am Gesamtfehleranteil dargestellt.

Tabelle 3.1.: Fehleranteil der abweichungsbedingten fehlerhäufigsten Verbindungsstellen am Gesamtfehleranteil [10]

Verfahren (betrachtete Merkmalswerte)	**Fehleranteil der abweichungsbedingten fehlerhäufigsten Verbindungsstellen (10% aller Verbindungsstellen) am Gesamtfehleranteil**
Widerstandspunktschweißen (Durchmesser und keine Verbindung)	**ca. 73%**
MSG-Schweißen (Bindefehler, Durchbrand, Einbrandtiefe und keine Verbindung)	**ca. 20%**
Laserstrahlschweißen (Nahtunterwölbung, keine Verbindung und Poren)	**ca. 26%**

Besonders beim Widerstandspunktschweißen zeigt sich deutlich, dass nur ein kleiner Teil der Verbindungsstellen (10% aller Verbindungsstellen) den Großteil der abweichungsbedingten fehlerhaften Verbindungen (73% aller abweichungsbedingter Fehler) ausmacht. Aufgrund dessen lässt sich folgendes schlussfolgern:

- Nur wenige Verbindungsstellen sind fehlerbehaftet.
- An einigen Verbindungsstellen bestehen bestimmte Randbedingungen, die vermehrt zu fehlerhaften Fügeverbindungen führen.

Genauer verdeutlicht wird dies an dem in Abbildung 3.18 dargestellten Beispiel der Bodenbaugruppe. Nur 23 von etwa 400 Punktschweißverbindungen machten 85% aller fehlerhaften punktgeschweißten Verbindungen in der gesamten Baugruppe und während des gesamten Untersuchungszeitraumes von 1,5 Jahren aus. Zu einer Häufung von fehlerhaften Verbindungen kam es hier besonders an den Anbindungsstellen zwischen dem Längsträger und dem Boden (A in Abbildung 3.18), sowie im Bereich des Schwellers an der Verbindungstellen zwischen der Baugruppe Boden vorn und Boden hinten (B in Abbildung 3.18).

Auffällige Randbedingungen dieser fehlerträchtigen Verbindungen sind große Abweichungen und steife Bereiche, die den Umgang mit Spalten und Kantenversätzen erschweren. An den Verbindungsstellen zwischen Boden und Längsträger (A) zum Beispiel, werden im Fertigungsprozess die Baugruppen Längsträger und Bodenbaugruppe verbunden. Beide Baugruppen sind bereits im fortgeschrittenen Zusammenbau und aus diesem Grund abweichungsbehaftet. Bei der Baugruppe des Längsträgers kommt hinzu, dass hier besonders hochfeste und somit zusätzlich abweichungsbehaftete kaltumgeformte Bauteile verwendet werden. Beide Baugruppen weisen eine vergleichsweise hohe Steifigkeit auf. Der Längsträger aufgrund der verwendeten hochfesten Werkstoffe und der große Blechdicken und die Bodenbaugruppe aufgrund der konstruktiven Steifigkeit durch den fortgeschrittenen Zusammenbau. Ähnlich bei den Verbindungsstellen im Bereich des Schwellers (B). In der Fertigung wird die Baugruppe Boden vorn mit der Baugruppe Boden hinten verbunden. Auch hier sind beide Baugruppen aufgrund des fortgeschrittenen Zusammenbaus abweichungsbehaftet. Zu einer Konzentration fehlerhafter Fügeverbindungen kommt es

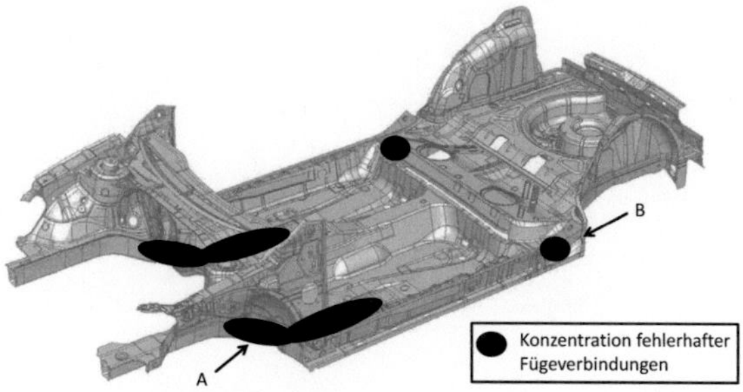

Abbildung 3.18.: Verteilung von fehlerhaften Widerstandspunktschweißverbindungen am Beispiel einer Bodenbaugruppe

ausschließlich in dem Bereich, an den sich die steifen Bereiche des Schwellers befinden.

Diese Häufung der fehlerhaften Verbindungsstellen ist auch an anderen Baugruppen, unabhängig von der Fertigungslinie und spiegelbildlich auf beiden Seiten der Karosserie festzustellen, so dass der Einfluss einer fehlerhaften einzelnen Fertigungsanlage auszuschließen ist.

3.3. Ableitung von fehleranfälligen Fügeaufgaben

Beim Fügen im Karosseriebau sind geometrische Bauteilabweichungen im Bereich der Fügeverbindung der häufigste Grund für fehlerhafte Fügeverbindungen. Diese fehlerhaften Fügeverbindungen verteilen sich dabei nicht gleichmäßig auf die gesamte Karosserie. Nur wenige Fügeaufgaben sind fehleranfällig.

Randbedingungen, die zu einer Konzentration fehlerhafter Fügeverbindungen führen, sind große Abweichungen in Verbindung mit hohen Steifigkeiten im Bereich der Fügestelle.

Abbildung 3.19 stellt in abstrakter Form die vier möglichen typischen Fügeaufgaben dar, die sich in den Randbedingungen Genauigkeit und Steifigkeit im Bereich der Fügeverbindung unterscheiden. Die Abweichung ist in dieser Abbildung durch einen Spalt zwischen den Bauteilen und die Steifigkeit durch die Bauteildicke dargestellt.

Die „Fügeaufgabe I“ wird beschrieben durch eine geringe Abweichung und eine geringe Steifigkeit der Bauteile im Bereich der Fügeverbindung. Bei dieser Fügeaufgabe sind die Bauteile Spalt und Versatzfrei positioniert und ein fehlerfreies Fügen ist möglich.

Die „Fügeaufgabe II“ wird beschrieben durch eine große Abweichungen und eine geringe Steifigkeit im Bereich der Fügeverbindung. Trotz der vorhandenen Abweichung der Bauteile ist es aufgrund der geringen Steifigkeit möglich die Bauteile mit Hilfe der Spanntechnik spaltfrei zu positionieren und eine sichere Fügeverbindung herzustellen.

Die „Fügeaufgabe III“ wird beschrieben durch eine geringe Abweichung und eine hohe Steifigkeit im Bereich der Fügeverbindung. Da die Bauteile eine hohe Genauigkeit und somit keine Spalte oder Kantenversätze im Bereich der Fügeverbindung aufweisen, ist, wie bereits bei der

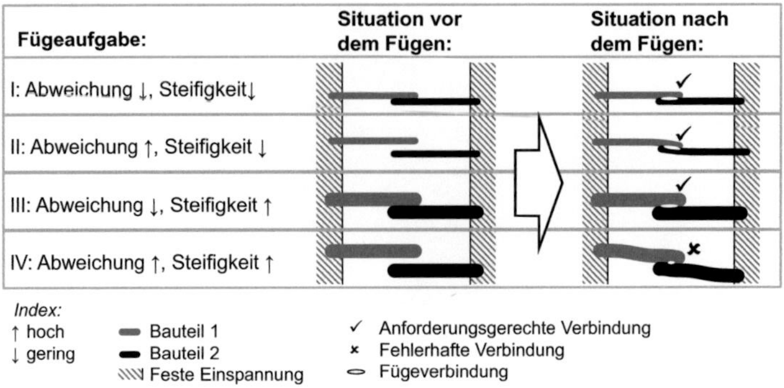

Abbildung 3.19.: Typische Fügeaufgaben

Fügeaufgabe I das Herstellen einer fehlerfreien Verbindung möglich.

Die „Fügeaufgabe IV" wird beschrieben durch eine große Abweichung und eine hohe Steifigkeit im Bereich der Fügeverbindung. Großen Abweichungen im Bereich der Fügeverbindung an steifen Bereichen der Karosserie führen dazu, dass trotz der verwendeten Spanntechnik die Bauteile nicht ausreichend positioniert werden. Somit kann die Fügeposition von ihrer Sollposition abweichen oder Spalte zwischen den Bauteilen bestehen bleiben. Durch die Abweichungen im Bereich der Fügestelle, die auch nach dem Positionieren und Spannen der Bauteile vorhanden sind, kommt es zu fehlerhaften Fügeverbindungen.

Zu einer Konzentration fehlerhafter Fügestellen kommt es mit zunehmenden Abweichungen in Verbindung mit zunehmenden Steifigkeiten im Bereich der Fügeverbindung. Diese Abhängigkeit ist in Abbildung 3.20 dargestellt.

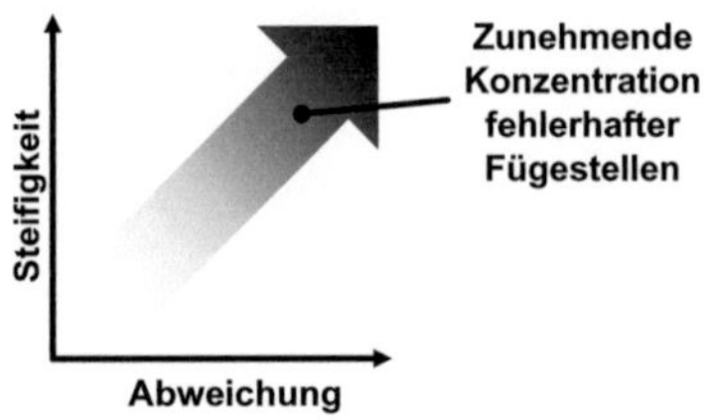

Abbildung 3.20.: Beschreibung kritischer Fügeaufgaben - Abhängigkeit von Abweichung, Steifigkeit und der Fehleranfälligkeit von Fügestellen

Große Abweichungen treten zum Beispiel im fortgeschrittenen Zusammenbau (vgl. Kapitel 2.2.2) oder bei der Verwendung von kaltumgeformten hochfesten Bauteilen (vgl. Kapitel 2.2.3) auf. Der Umgang mit Abweichungen im Bereich der Fügestelle durch Spanntechnik oder den Fügeprozess selbst (Schweißzange beim Widerstandspunktschweißen) wird an steifen Bereichen der Karosserie erschwert (vgl. Kapitel 2.4.1). Zu Bereichen hoher Steifigkeit kommt es zum Beispiel durch hochfeste Werkstoffe, große Blechdicken oder konstruktive Versteifungen.

Ein Großteil der fehlerhaften Verbindungen ließe sich vermeiden, indem die Bauteilabweichungen in den besonders fehlerträchtigen Bereichen der Karosserie reduziert werden. Dies ist, wie in Kapitel 2.4.1 beschrieben, durch zwei Maßnahmen möglich: Zum einen kann die Einengung der geometrischen Abweichungen am Fügeflansch mittels Einsatz von Spann- und Vorrichtungstechnik erfolgen. An den besonders fehlerträchtigen steifen Bereichen der Karosserie führt die Verwendung von Spanntechnik jedoch aufgrund der notwendigen höheren Spannkräfte zu erhöhten Anlagenkosten. Daher ist diese Maßnahme nur bedingt einsetzbar. Weiterhin kann eine Einengung der geometrischen Abweichungen am Fügeflansch durch die Verbesserung der Bauteilgenauigkeit erfolgen. An konstruktiv versteiften Bereichen der Karosserie ist der Zusammenbau jedoch häufig weit fortgeschritten und somit sind bereits eine Vielzahl an Teilen verbaut worden. Um in diesem fortgeschrittenen Zusammenbau eine Verbesserung der Bauteilgenauigkeit zu ermöglichen, wäre es notwendig, dass alle der verbauten Teile bereits im Vorfeld bezüglich ihrer Genauigkeit optimiert werden und der Zusammenbau präzise erfolgt. Jedoch ist dies nur mit erheblichen Kostensteigerungen entlang der gesamten vorgelagerten Produktionskette möglich.

Ebenso könnte zur Vermeidung der fehlerhaften Verbindungen die Steifigkeit in den fehlerkritischen Bereichen reduziert werden. Da die verwendeten Werkstoffe, Materialdicken oder die konstruktiven Steifigkeiten durch Vorgaben, wie zum Beispiel der Crashfestigkeit oder der Fahrdynamik vorgegeben sind, ist eine Anpassung der Steifigkeit an die Fügetechnik nicht möglich.

Statt die Bauteilabweichungen oder die Steifigkeit zu reduzieren, könnte alternativ eine Anpassung der Fügeprozesse an die vorhandenen Maßabweichungen der Bauteile erfolgen (vgl. Kapitel 2.4.2). Durch ein gezieltes Einsetzen robuster Fügeparameter oder robuster Alternativfügeverfahren an den fehlerträchtigen Bereichen der Karosserie scheint es möglich zu sein, die Anzahl der fehlerhaften Fügeverbindungen an der gesamten Karosserie deutlich zu reduzieren.

4. Methodik zur Darstellung der Robustheit gegenüber Abweichungen im Bereich der Fügeverbindung

In diesem Teil der Arbeit wird eine eigene Methode zur Darstellung der Robustheit gegenüber Bauteilabweichungen im Bereich der Fügeverbindung entwickelt. Diese Form der Darstellung wird im nachfolgendem als **geometrisches Prozessfenster** bezeichnet. Das geometrische Prozessfenster zeigt grafisch den Bereich der zulässigen Abweichung an, in dem der Fügeprozess anforderungsgerechte Fügeverbindungen erzeugt. Dieser Bereich ist in der Matrix grün eingefärbt. Am geometrischen Prozessfenster lässt sich anschaulich die Robustheit eines Verfahren gegenüber geometrischen Abweichungen zeigen und mit der Robustheit anderer Verfahren oder Verfahrensvarianten vergleichen. In den nachfolgenden Abschnitten wird die Ermittlung des geometrischen Prozessfensters geschildert. Eine Schematische Darstellung des Ablaufes ist in Abbildung 4.1 dargestellt.

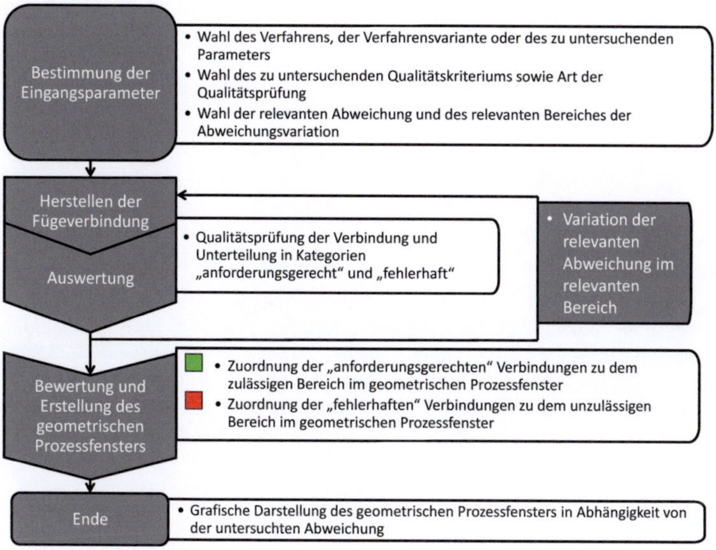

Abbildung 4.1.: Methodik zur Erstellung des geometrischen Prozessfensters

- ***Bestimmung der Eingangsparameter***

Eine erste und wichtige Eingangsgröße ist die **Wahl des Verfahrens, der Verfahrensvariante oder des zu untersuchenden Parameters** für die das geometrische Prozessfenster erstellt werden soll. Eine weitere Eingangsgröße ist die **Wahl des zu untersuchenden Qualitätskriteriums** sowie die damit verbundene Art der Qualitätsprüfung. Verteilt über die Karosserie bestehen unterschiedliche Anforderungen an die Fügeverbindung. So steht zum Beispiel bei Nähten zum Verbinden des Daches mit dem Seitenteil die Ästhetik im Vordergrund, bei Nähten im Bereich der Bodenbaugruppe steht hingegen die Festigkeit der Verbindung im Vordergrund. Aus diesem Grund ist es auch nicht sinnvoll bei jedem Fügeverfahren oder jeden Parametersatz an allen Stellen der Karosserie die gleichen Kriterien für das geometrische Prozessfenster einzusetzen. In Abhängigkeit vom Fügeverfahren, vom konstruktiven Wesen der Naht aber auch vom vertretbaren Aufwand bei der Erstellung des geometrischen Prozessfensters kann das sehr unterschiedlich ausfallen. Dies können zum Beispiel die Einbrandtiefe beim MSG-Schweißen mit einer Untersuchung am metallografischen Schliff, die Ermittlung des Stromeinstellbereiches durch eine Meißelprüfung beim Widerstandspunktschweißen, die Ermittlung der Festigkeit von Klebverbindungen durch Zugversuch oder die Bestimmung das Nahtaussehen durch Sichtprüfung von Laserschweißnähten im Sichtbereich sein. Der dritte und letzte Eingangsparameter zur Erstellung des geometrischen Prozessfensters ist die **Wahl der relevanten Abweichung und des relevanten Bereiches der Abweichungsvariation**. Diese können in Abhängigkeit von der Naht- sowie der Stoßgestaltung und dem Verfahren zum Beispiel ein Spalt zwischen den Bauteilen und/oder ein Kantenversatz aber auch die Positionen des Fügewerkzeuges in Lage und Winkel zum Bauteil oder die Werkstückdicke sein.

- ***Herstellen der Fügeverbindung und Auswertung***

Bei der Ermittlung des geometrischen Prozessfensters wird nun eine Fügeverbindung hergestellt und der jeweiligen Qualitätsprüfung unterzogen. Bei der Qualitätsprüfung findet eine Unterteilung in die Kategorie **anforderungsgerecht** oder **fehlerhaft** statt.

- ***Variation der relevanten Abweichung im relevanten Bereich***

Anschließend wird die relevante Abweichung variiert und erneut mit dem Punkt „Herstellen der Fügeverbindung und Auswertung“ begonnen. Dies wird so lange fortgesetzt bis alle Abweichungen im zu untersuchenden Bereich variiert wurden.

- ***Erstellung des geometrischen Prozessfensters***

Nachdem alle relevanten Abweichungen im relevanten Bereich variiert wurden und die einzelnen Verbindungen im Anschluss an die jeweiligen Qualitätsprüfung in die Kategorien anforderungsgerecht oder fehlerhaft unterteilt wurden, wird nun das geometrische Prozessfenster grafisch dargestellt. Dabei werden anforderungsgerechten Verbindungen dem zulässigen Bereich (**grüner Bereich**), fehlerhaften Verbindungen dem unzulässigen Bereich (**roter Bereich**) im geometrischen Prozessfenster zugeordnet und in Abhängigkeit von der jeweiligen Abweichung dargestellt.

5. Untersuchung zur Anwendung des geometrischen Prozessfensters

Dieser Teil der Arbeit beschreibt die Anwendung der Methodik des geometrischen Prozessfensters. Dabei werden die geometrischen Prozessfenster der Verfahren MSG-, Laserstrahl- und Widerstandspunktschweißen von einem gewähltem Grundparameter erzeugt und anhand des geometrischen Prozessfensters die Wirksamkeit von verfahrensspezifischen Möglichkeiten zur Steigerung der Robustheit dargestellt.

5.1. Versuchsplanung und Versuchsdurchführung

In diesem Kapitel werden die im Rahmen dieser Untersuchung durchgeführten Versuche beschrieben.

5.1.1. Versuchswerkstoffe

Die Versuche zur Anwendung des geometrischen Prozessfensters werden am Werkstoff HX340LAD Z100 durchgeführt. Beim HX340LAD handelt es sich um einen hochfesten Werkstoff der sich, im Vergleich zu den restlichen in der Karosserie verbauten Werkstoffen, im mittleren Bereich der Festigkeiten befindet.

Der Werkstoff HX340LAD besitzt aufgrund seiner Zusammensetzung eine gute Schweißeignung. Für den verwendeten Werkstoff sind in Tabelle 5.1 die Grenzwerte nach DIN EN 10292, bzw. DIN EN 10336, und die in einer eigenen Messung ermittelten Werte in der chemischen Zusammensetzung dargestellt. Tabelle 5.2 zeigt die mechanischen Eigenschaften von diesem Werkstoff. Der verwendete Werkstoff für diese Untersuchung hat eine Blechdicke von t = 1,5 mm und ist elektrolytisch verzinkt.

Tabelle 5.1.: Chemische Zusammensetzung vom Werkstoff HX340LAD [66]

Stahlsorte	Masseanteile in %						
HX340LAD	C	Si	Mn	P	S	Al	Ti
Grenzwerte nach DIN EN 10292	max. 0,11	max. 0,50	max. 1,00	max. 0,030	max. 0,025	≥0,015	max. 0,15
Funkenanalyse (n=3)	0,082	0,184	0,730	0,022	<0,002	0,032	0,002

Tabelle 5.2.: Mechanische Eigenschaften vom Werkstoff HX340LAD [66]

Stahlsorte		Eigenschaften		
Kurzname	Werkstoff-nummer	0,2% Dehngrenze R_{p02} [MPa]	Zugfestigkeit R_m [MPa]	Bruchdehnung A_{80} [%] min.
HX340LAD	1.0933	340 bis 420	410 bis 510	21

5.1.2. Versuchsplanung zur Anwendung des geometrischen Prozessfensters

Gegenstand dieser Untersuchung ist die Anwendung des geometrischen Prozessfensters für die Verfahren MSG-, Laserstrahl- und Widerstandspunktschweißen. Im Vorfeld dieser Untersuchung wird die Methodik des geometrischen Prozessfensters aus Kapitel 4 individuell an die Verfahren MSG-Schweißen mit einer Stirnkehlnaht am Überlappstoß, Laserstrahlschweißen mit einer Liniennaht am Überlappstoß und Widerstandspunktschweißen mit einer Punktnaht am Überlappstoß angepasst. Bei den Untersuchungen zur Anwendung des geometrischen Prozessfensters werden die jeweiligen geometrischen Prozessfenster eines exemplarisch gewählten Grundparameters erzeugt und mit den geometrischen Prozessfenstern von Möglichkeiten, die das Verfahren robuster gegenüber geometrischen Schwankungen im Bereich der Fügestelle gestalten sollen, verglichen. Anhand dessen wird die Wirksamkeit dieser Möglichkeiten im Vergleich zueinander dargestellt.

Diese Möglichkeiten der Verfahren zur Steigerung der Robustheit gegenüber geometrischen Schwankungen wurden nach den folgenden Aspekten gewählt:

- Verwendung für den Großteil der Schweißverbindungen im Karosseriebau
- Verwendung zur Herstellung von 1000-2000 Karosserien pro Tag
- Verwendung zum Fügen von Karosseriebauteilen aus verzinktem Stahlblech in Schalenbauweise

Bestimmung der Eingangsparameter für das geometrische Prozessfenster beim MSG-Schweißen mit einer Stirnkehlnaht am Überlappstoß

Wahl der relevanten Abweichung und des relevanten Bereiches der Abweichungsvariation: Das geometrische Prozessfenster des MSG-Schweißens mit einer Stirnkehlnaht am Überlappstoß wird anhand des Spaltes zwischen den Blechen und des Kantenversatzes gebildet. (vgl. Abbildung 5.1) Bei ansonsten gleich bleibenden Versuchsrandbedingungen, wird der Spalt zwischen den Versuchsblechen in 0,5 mm Schritten von S = 0 mm auf maximal 3 mm und der Kantenversatz durch Versatz der Brennerposition in 1,0 mm Schritten von V = -4 mm bis +4 mm variiert. Bei jeder Variation wird jeweils eine Schweißung erstellt und die Qualität der Verbindung überprüft. Der Bezugspunkt für den Null-Versatz ist dabei der Punkt senkrecht von der Kante des Oberbleches bis zum Unterblech.

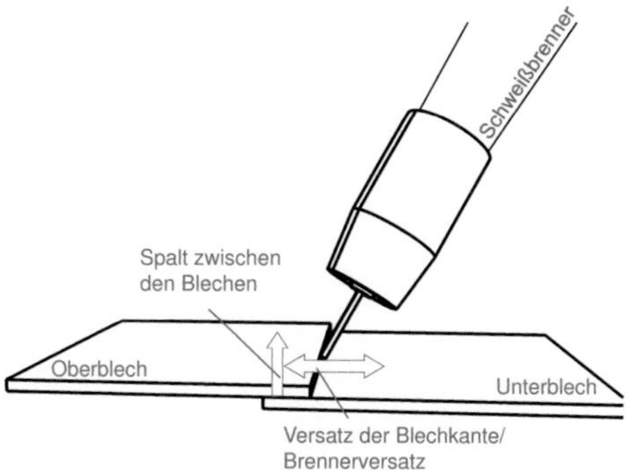

Abbildung 5.1.: Spalt- und Versatzvariation im Bereich der Fügeverbindung bei dem MSG-Schweißen

Wahl des zu untersuchenden Qualitätskriteriums: Die Grenze des geometrischen Prozessfensters beim MSG-Schweißen ist erreicht, sobald durch Vergrößerung des Spaltes oder des Kantenversatzes fehlerhafte Verbindungen entstehen. Die Qualität der einzelnen Verbindungen wird durch die in der Schweißtechnik gängigen Methoden der Sichtprüfung und der makroskopischen Begutachtung am metallografischen Schliff überprüft. Die Verbindungen werden nach DIN EN ISO 5817 (Bewertungsgruppe B -hoch) bewertet und in die Kategorien „anforderungsgerecht" und „fehlerhaft" unterteilt [73]. Zusätzlich wird die im automatisierten Karosseriebau gebräuchliche Unregelmäßigkeit „Einbrandtiefe zu gering" in Anlehnung die Volkswagen Konzernnorm VW01106-1 [78] bewertet. Für eine eindeutige Bewertung der Anbindung wird hierbei eine Mindesteinbrandtiefe (f) von $f = 0{,}2$ mm gefordert. Bei der Qualitätsprüfung ist es nicht notwendig, einen metallografischen Schliff von Verbindungen anzufertigen, welche mittels der Sichtprüfung bereits als fehlerhaft bewertet werden.

Wahl des Verfahrens, der Verfahrensvariante oder des zu untersuchenden Parameters: In Anlehnung an gebräuchliche Parameter in der Produktion des Karosseriebaues handelt es sich bei dem verwendeten *Grundparameter* um einen Parameter, der das Verbinden der Bleche mit einer leichten Nahtüberwölbung und einem leichten Wurzeldurchhang (jeweils ca. 10% der Blechdicke) ermöglicht. Der MSG-Schweißprozess wird im Kurzlichtbogenbereich betrieben, der Brenner ist um 30° vom Oberblech weg geneigt und wird um 10° stechend geführt. Dies ermöglicht eine gleichmäßige Anbindung der Kehlnahtflanken und eine Zinkentgasung vor dem Lichtbogen.

Die untersuchten Möglichkeiten den Prozess robuster auf geometrische Schwankungen im Bereich der Fügeverbindung zu gestalten sind:

Erhöhung der Drahtvorschubgeschwindigkeit: Durch eine Erhöhung der Drahtvorschubgeschwindigkeit v_D wird mehr Zusatzmaterial eingebracht und die Stromstärke erhöht. Hierdurch soll es

Tabelle 5.3.: Parameterübersicht zur Ermittlung und Erweiterung der geometrischen Prozessfenster beim MSG-Schweißen

Untersuchung / Parameter		**Möglichkeiten zur Erweiterung des Prozessfensters**					
	Grundparameter	**Erhöhte Drahtvorschubgeschwindigkeit I**	**Erhöhte Drahtvorschubgeschwindigkeit II**	**Verringerte Schweißgeschwindigkeit**	**Überlagerte Pendelbewegung**	**Wärmereduzierte Verfahrensvariante I**	**Wärmereduzierte Verfahrensvariante II**
Drahtvorschubgeschw. v_D in m/min	5	7	9	5	3	7	
Schweißgeschwindigkeit v_S in mm/s	12			8	4	10	6
Pendeln	nein				Sinusfigur (Amplitude 4 mm)	nein	
Verfahrensvariante	MSG-Kurzlichtbogen					CMT	

ermöglicht werden größere Spalte und Bauteilversätze zu überbrücken. Für diese Untersuchung wird die Drahtvorschubgeschwindigkeit von $v_D = 5$ m/min auf 7 m/min und 9 m/min erhöht. In den nachfolgenden Auswertungen wird die Variante mit der Drahtvorschubgeschwindigkeit von $v_D = 7$ m/min mit *„Erhöhte Drahtvorschubgeschwindigkeit I"* und die Variante mit der Drahtvorschubgeschwindigkeit von $v_D = 9$ m/min mit „Erhöhte Drahtvorschubgeschwindigkeit II" bezeichnet.

Reduzierung der Schweißgeschwindigkeit: Durch eine Verringerung der Schweißgeschwindigkeit v_S wird pro zurückgelegter Schweißstrecke der Materialeintrag erhöht, das Schweißbad verbreitert sich und der Einbrand nimmt zu. Diese Maßnahme bietet die Möglichkeit größere Spalte und Bauteilversätze auszugleichen. Die Schweißgeschwindigkeit wird bei diesem Versuch von $v_S = 12$ mm/s auf 8 mm/s verringert. (Bezeichnung: „Reduzierte Schweißgeschwindigkeit")

Überlagerung einer Pendelbewegung: Ein Pendeln führt, im Vergleich zu der linearen Brennerführung, zu einer breiteren Naht mit geringerem Einbrand. Hierdurch soll der Ausgleich größerer Kantenversätze ermöglicht werden. Da beim Pendeln die Brennerspitze eine längere Strecke als den Weg entlang der Naht zurücklegt, musste zusätzlich die Schweiß- und die Drahtvorschubgeschwindigkeit reduziert werden. In Vorversuchen wurde ein ruhiger Nahtverlauf und eine anforderungsgerechte Verbindung im Nullspalt mit einer Schweißgeschwindigkeit von $v_S = 4$ mm/s und $v_D = 3$ m/min bei einer sinusförmigen Pendelbewegung mit einer Amplitude von $A = 4$ mm und einer Periode von $P = 1$ mm erreicht. (Bezeichnung: „Überlagerte Pendelbewegung")

MSG-Schweißen mit wärmereduzierter Verfahrensvariante: Bei wärmereduzierten Verfahrensvarianten des MSG-Prozesses wird bei geringerem Einbrand mehr Zusatzmaterial eingebracht. Hierdurch soll es möglich werden, größere Spalte zwischen den Blechen zu überbrücken. Die Untersuchung wird am Beispiel des CMT-Prozesses der Firma Fronius untersucht. Ein ruhiger Prozessverlauf und eine, vom Nahtquerschnitt dem Grundparametersatz sehr ähnliche Naht im Nullspalt, kann bei dieser Verfahrensvariante mit einem Drahtvorschub von $v_D = 7$ m/min und einer Schweißgeschwindigkeit von $v_S = 10$ mm/s erreicht werden. Durch eine weitere Reduzierung der Schweißgeschwindigkeit auf $v_S = 6$ mm/s soll es möglich werden, größere Spalte zwischen den Blechen zu überbrücken. Die Variante mit der Schweißgeschwindigkeit von $v_S = 10$ mm/s wird in der nachfolgenden Auswertung mit „Wärmereduzierte Verfahrensvariante I" und die Variante mit der Schweißgeschwindigkeit von $v_S = 6$ mm/s mit „Wärmereduzierte Verfahrensvariante II" bezeichnet.

Die Randbedingungen und Parameter für die Versuche zur Anwendung des geometrischen Prozessfensters beim MSG-Schweißen sind zusammengefasst in Tabelle 5.3 dargestellt.

Der Ablauf für die Ermittlung des geometrischen Prozessfensters beim MSG-Schweißen an einer Stirnkehlnaht am Überlappstoß ist in Abbildung 5.2 dargestellt.

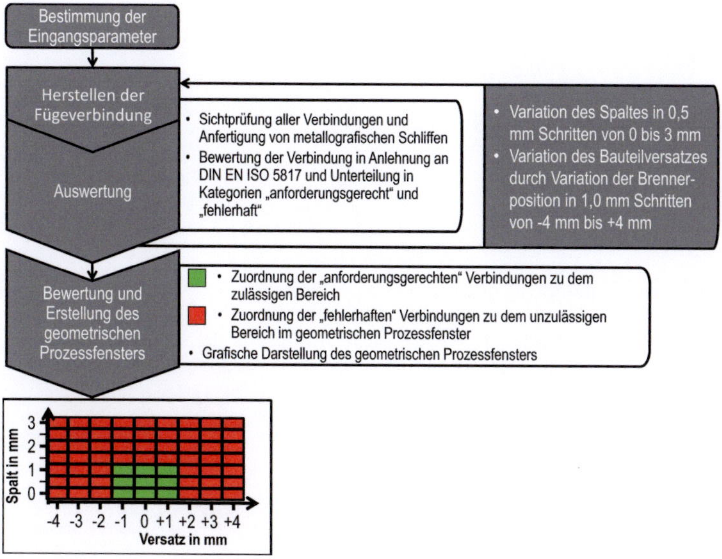

Abbildung 5.2.: Methodik zur Erstellung des geometrischen Prozessfensters beim MSG-Schweißen

Bestimmung der Eingangsparameter für das geometrische Prozessfenster beim Laserstrahlschweißen mit einer Liniennaht am Überlappstoß

Wahl der relevanten Abweichung und des relevanten Bereiches der Abweichungsvariation: Das geometrische Prozessfenster beim Laserstrahlschweißen an einer Liniennaht am Überlappstoß wird durch Variation des Spaltes zwischen den Blechen gebildet. (vgl. Abbildung 5.3) Bei ansonsten gleich bleibenden Versuchsrandbedingungen, wird der Spalt zwischen den Versuchsblechen in 1/30 mm Schritten von $S = 0$ bis maximal $S = 0{,}6$ mm variiert, jeweils eine Schweißung erstellt und die Qualität der Verbindung überprüft.

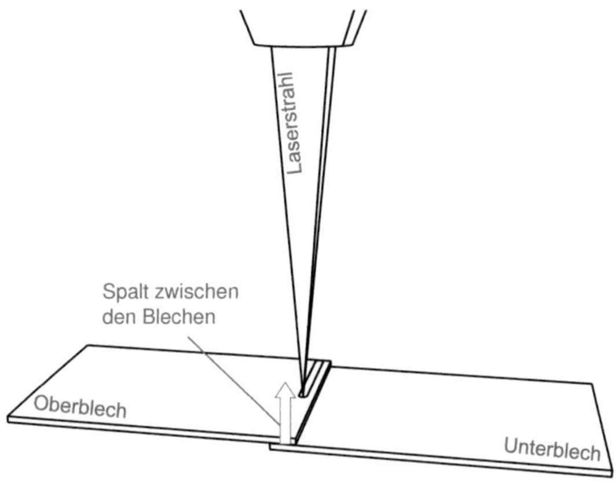

Abbildung 5.3.: Spaltvariation im Bereich der Fügeverbindung bei dem Laserstrahlschweißen

Wahl des zu untersuchenden Qualitätskriteriums: Die Grenze des geometrischen Prozessfensters beim Laserstrahlschweißen ist erreicht, sobald durch Vergrößerung oder Verkleinerung des Spaltes fehlerhafte Verbindungen entstehen. Die Qualität der einzelnen Verbindungen wird durch die in der Schweißtechnik gängige Methodik der Sichtprüfung und der makroskopischen Begutachtung am metallografischen Schliff überprüft [30]. Die Verbindungen werden in Anlehnung an die DIN EN ISO 13919-1 bewertet und in die Kategorien „anforderungsgerecht“ und „fehlerhaft“ unterteilt [70]. Dabei ist es nicht notwendig, einen metallografischen Schliff von Verbindungen anzufertigen, welche mittels der Sichtprüfung bereits als fehlerhaft bewertet werden.

Wahl des Verfahrens, der Verfahrensvariante oder des zu untersuchenden Parameters: Der verwendete „Grundparameter“ ist an Parameter der Produktion im Karosseriebau zum Schweißen verzinkter Bleche mit einer Blechdicke von je $t = 1{,}5$ mm und einem Spalt zwischen den Blechen von $S = 0{,}2$ mm angelehnt. Die Schweißgeschwindigkeit beträgt dabei $v_S = 3$ m/min.

Die untersuchten Möglichkeiten das geometrische Prozessfenster zu erweitern und den Prozess robuster für das Über- bzw. Unterschreiten eines Spaltes von $S = 0{,}2$ mm zu gestalten sind:

Verringerte Schweißgeschwindigkeit: Durch eine Verringerung der Schweißgeschwindigkeit v_S wird pro zurückgelegter Schweißstrecke mehr Wärme eingebracht. Da mehr Zeit für die Zin-

Tabelle 5.4.: Versuchsrandbedingungen zur Ermittlung und Erweiterung der geometrischen Prozessfenster beim Laserstrahlschweißen

Untersuchung / Parameter		**Möglichkeiten zur Erweiterung des Prozessfensters**				
	Grundparameter	**Reduzierte Schweißgeschwindigkeit I**	**Reduzierte Schweißgeschwindigkeit II**	**Vergrößerter Fokusdurchmesser**	**Mit Zusatzwerkstoff**	**MSG-Laser-Hybridschweißung**
Schweißgeschwindigkeit v_S in m/min	3,0	2,5	2,0	1,5	3,0	3,5
Fokusdurchmesser d_F in μm	600			1200	600	
Zusatzdraht	-				EN 440: G3Si1, d = 1,0 mm	
Drahtvorschubgeschw. v_D in m/min	-				2	4,1

kentgasung zur Verfügung steht, soll dies die Möglichkeit bieten auch bei kleineren Spalten ($S \leq 0,2$ mm) eine anforderungsgerechte Verbindung herzustellen. Für diese Untersuchung wird die Schweißgeschwindigkeit von $v_S = 3$ m/min auf 2,5 m/min und 2 m/min reduziert. Die Variante mit der Schweißgeschwindigkeit von $v_S = 2,5$ m/min wird in der nachfolgenden Auswertung mit *„Reduzierte Schweißgeschwindigkeit I"* und die Variante mit der Schweißgeschwindigkeit von $v_S = 2,0$ m/min mit „Reduzierte Schweißgeschwindigkeit II" bezeichnet.

Vergrößerter Fokusdurchmesser: Ein vergrößerter Fokusdurchmesser, wie er zum Beispiel bei Diodenlaser zu finden ist, führt zu einem breiteren Schmelzbad. Aus diesem Grund steht mehr aufgeschmolzenes Material zur Spaltfüllung zur Verfügung. Dies soll die Möglichkeit bieten größere Spalte zwischen den Blechen zu überbrücken. Je größer der Fokus wird, desto geringer ist die Leistungsdichte. Der Fokusdurchmesser wird für diese Untersuchung durch eine 2:1-Abbildung auf $d_F = 1200$ μm aufgeweitet. Bei gleichbleibender Laserstrahlleistung muss zum Erreichen der notwendigen Einbrandtiefe die Schweißgeschwindigkeit verringert werden. Aus diesem Grund ist es notwendig die Schweißgeschwindigkeit auf $v_S = 1,5$ m/min zu reduzieren, damit bei den verwendeten Blechdicken von t = 1,5 mm und einem Spalt von S = 0,2 mm zwischen den Blechen eine sichere Durchschweißung erreicht werden kann. (Bezeichnung: „Vergrößerter Fokusdurchmesser")

Verwendung eines Zusatzwerkstoffes: Die Verwendung eines Zusatzwerkstoffes bietet die Möglichkeit den Spalt zwischen den Blechen mit Zusatzmaterial zu füllen und somit auch bei größeren

Spalten den Nahteinfall zu minimieren. Bei diesem Versuch wird der Zusatzdraht EN 440:G3Si1 mit einem Durchmesser von d = 1,0 mm verwendet. In Vorversuchen wurde bei einem Spalt zwischen den Blechen von S = 0,2 mm und einer Schweißgeschwindigkeit von v_S = 3,0 m/min die Drahtvorschubgeschwindigkeit ermittelt, bei der eine sichere Durchschweißung möglich ist und eine anforderungsgerechte Naht entsteht. Sie beträgt v_D = 2 m/min. (Bezeichnung: „Mit Zusatzwerkstoff")

LASER-MSG-Hybridschweißung: Durch den gekoppelten MSG-Prozess ist es möglich, zusätzliche Energie und zusätzliches Material zur Spaltfüllung einzubringen. In Vorversuchen wurde für eine Verbindung mit einem Spalt zwischen den Blechen von S = 0,2 mm die Schweiß- und Drahtvorschubgeschwindigkeit ermittelt, bei der eine sichere Durchschweißung möglich ist und eine anforderungsgerechte Naht entsteht. Die Versuche werden bei einer Schweißgeschwindigkeit von v_S = 3,5 m/min und mit dem Zusatzdraht EN 440:G3Si1 (Durchmesser d = 1,0 mm, Drahtvorschubgeschwindigkeit v_D = 4,1 m/min) durchgeführt. Abweichend von der üblichen Vorgehensweise der Versuche zum Laserstrahlschweißen wird der Spalt zwischen den Versuchsblechen bei der LASER-MSG-Hybridschweißung bis zu einen Spalt von S = 0,5 mm in 1/20 mm und im Spaltbereich von S = 0,5 mm bis S = 1,6 mm in 1/10 mm Schritten variiert. (Bezeichnung: „MSG-Laser-Hybridschweißen")

Die Randbedingungen und Parameter für die Versuche zur Anwendung des geometrischen Prozessfensters beim Laserstrahlschweißen sind zusammengefasst in Tabelle 5.4 dargestellt.

Der Ablauf für die Ermittlung des geometrischen Prozessfensters für das Laserstrahlschweißen ist in Abbildung 5.4 dargestellt.

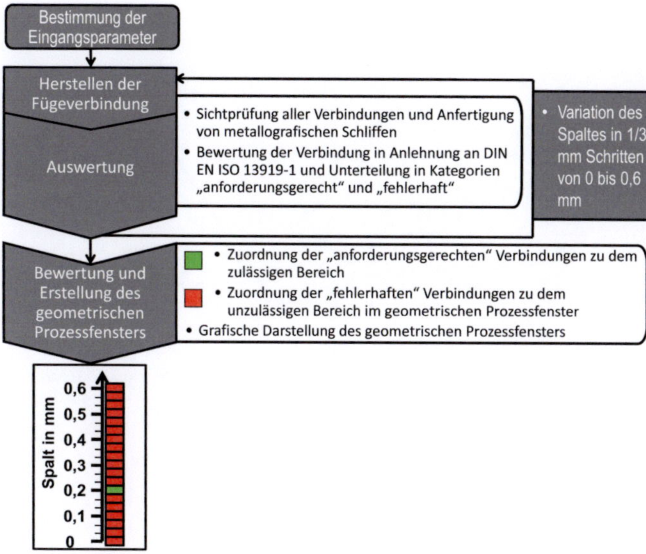

Abbildung 5.4.: Methodik zur Erstellung des geometrischen Prozessfensters beim Laserstrahlschweißen

Bestimmung der Eingangsparameter für das geometrische Prozessfenster beim Widerstandspunktschweißen mit einer Punktnaht am Überlappstoß

Wahl der relevanten Abweichung und des relevanten Bereiches der Abweichungsvariation: Das geometrische Prozessfenster des Widerstandspunktschweißens wird durch den Spalt zwischen den Blechen gebildet. (vgl. Abbildung: 5.5) Zur Ermittlung des geometrischen Prozessfensters für das Widerstandspunktschweißen wird bei zunehmendem Spalt die Größe des Schweißstromeinstellbereiches im Schweißbereichsdiagramm (Teil I der Untersuchung) und anschließend die Qualität von 15 mit einem konstanten Strom geschweißten Verbindungen (Teil II der Untersuchung) ermittelt. Bei ansonsten gleich bleibenden Versuchsrandbedingungen, wird der Spalt zwischen den Versuchsblechen in 1 mm Schritten von 0 mm bis 6 mm variiert.

Wahl des zu untersuchenden Qualitätskriteriums: Beim Widerstandspunktschweißen ist es nicht möglich durch einfache Sichtprüfung von außen auf die Qualität der Verbindung zu schließen. Aus diesem Grund wird zur Ermittlung des geometrischen Prozessfensters vor der Qualitätsprüfung der Verbindung der Stromeinstellbereich des jeweiligen Parametersatzes ermittelt (Teil I) und anschließend mit einem konstanten Stromwert die Qualität der Verbindung ermittelt (Teil II). Die Grenze des geometrischen Prozessfensters beim Widerstandspunktschweißen ist erreicht, wenn bei einem bestimmten Spalt kein zulässiger Schweißbereich besteht oder bei einer von 15 in Folge geschweißten Verbindungen Spritzer oder unzulässig kleine Verbindungsquerschnitte entstehen.

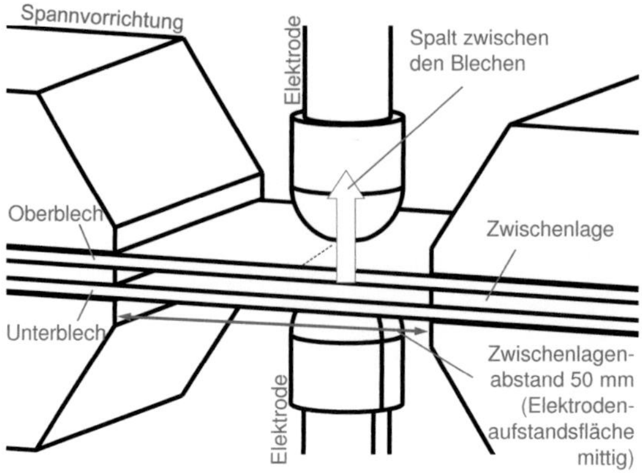

Abbildung 5.5.: Spaltvariation im Bereich der Fügeverbindung bei dem Widerstandspunktschweißen

Teil I der Untersuchung: Um unter Betriebsbedingungen eine wiederholbare Schweißqualität zu gewährleisten, wird nach [52] ein „ausreichender Schweißstromeinstellbereich" für den Schweißstrom zwischen $d_p min$ und der Spritzergrenze gefordert. Nach der Richtlinie zum Punktschweißen verzinkter Karosseriebauteile [77], muss aus Gründen der Prozesssicherheit für Widerstandspunktschweißeinrichtungen mit Kappenfräsvorrichtung diese Stromdifferenz im Schweißbereich $\Delta I \geq 1{,}2$ kA betragen (vgl. Abbildung 5.6). Diese Stromdifferenz wird nachfolgend als Schweißstromeinstellbereich bezeichnet und für die Bewertung des Schweißbereiches herangezogen. Mit einem Schweißstromeinstellbereich von $\Delta I \geq 1{,}2$ kA wird der Schweißbereich als zulässig und mit $\Delta I < 1{,}2$ kA als unzulässig bewertet. Bei der Ermittlung des Schweißstromeinstellbereiches werden Schweißungen durchgeführt, bei denen der Strom in 0,25 kA Schritten variiert wird und die Größe „Strom bei Mindestpunktdurchmesser d_{Pmin}" als untere Grenze sowie „Strom an Spritzergrenze" als obere Grenze für den Schweißbereich ermittelt werden. Dabei wird der Mindestpunktdurchmesser d_{Pmin} mittels einer Meißelprüfung identifiziert und die Spritzergrenze durch den maximal möglichen Strom, bei dem fünf aufeinanderfolgende spritzerfreie Schweißungen erstellbar sind, ermittelt [72, 69, 51].

Teil II der Untersuchung: Bei dem Widerstandspunktschweißen gibt der Schweißstromeinstellbereich einen Wert über die Prozesssicherheit des Verfahrens oder der Verfahrensvariante und kann somit auch als Bewertungsgröße für das geometrische Prozessfenster verwendet werden. Da bei am Markt erhältlichen Regelsysteme für das Widerstandspunktscheißen durch den variablen Strom und die variable Spannung kein Schweißbereich erstellt werden kann, wird für die Erstellung des geometrischen Prozessfensters in einem zweiten Teil die Wirkung des Spaltes auf die Qualität der entstehenden Verbindung untersucht. Bei dieser Untersuchung werden 15 Verbindungen mit gleichen Schweißparametereinstellungen und unter konstanten Einspannbedingungen verschweißt, die Linsendurchmesser d_{Lmin} von jeder Verbindung vermessen und die Häufigkeit von Schweißspritzern während des Schweißens für die jeweilige Spalteinstellung dokumentiert.

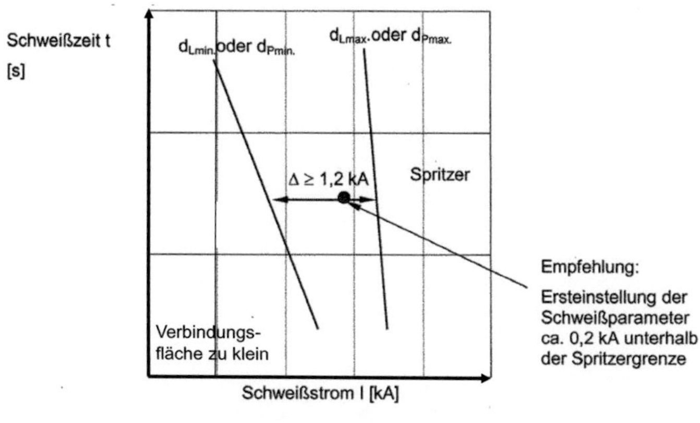

Abbildung 5.6.: Schweißstromeinstellbereich im Schweißbereichsdiagramm und empfohlene Einstellung der Schweißparameter [77]

Nachfolgend wird dieser Versuch als „15 Punkte Test“ bezeichnet. Eine unzulässige Qualität liegt bei diesem Versuch vor, wenn einer der jeweils 15 ermittelten Linsendurchmesser d_L unterhalb des geforderten Mindestlinsendurchmessers d_{Lmin} liegt oder wenn es während der Schweißung bei einem der 15 Proben zu Spritzern kam. Für den verwendeten Schweißstrom I bei dieser Untersuchung wird aus dem im vorangegangenem Versuch („Ermittlung des Einflusses eines Spaltes auf die Prozesssicherheit“) ermittelten Schweißbereich einer Nullspaltverbindung mit $I = 0{,}2$ kA unterhalb der Spritzergrenze gewählt (vgl. Abbildung 5.6) oder ein zum Beispiel vom Hersteller empfohlener Regelparameter. Nach einer Richtlinie zum Punktschweißen verzinkter Karosseriebauteile [77] ist ein Schweißstrom 0,2kA unterhalb der Spritzergrenze eine Empfehlung für die Einstellung der Schweißparameter. Der Linsendurchmesser wird bei dieser Untersuchung mittels einer Wärmefluss-Thermografie ermittelt.

Eine Verbindung mit einem unzulässigen Schweißstromeinstellbereich aus Teil I der Untersuchung oder einer fehlerhafte Qualität aus Teil II der Untersuchung wird dem unzulässigen Bereich im geometrischen Prozessfenster zugeordnet. Eine Verbindung mit einem zulässigen Schweißstromeinstellbereich aus Teil I der Untersuchung und einer zulässige Qualität aus Teil II der Untersuchung wird dem zulässigen Bereich im geometrischen Prozessfenster zugeordnet. Mit dieser Zuordnung wird das geometrische Prozessfenster grafisch dargestellt.

Wahl des Verfahrens, der Verfahrensvariante oder des zu untersuchenden Parameters: Der verwendete *Grundparametersatz* ist mit einer Schweißkraft von $F_{Schw} = 3{,}5$ kN an die Parameter der Produktion im Karosseriebau angelehnt und entspricht mit einer Schweißzeit von $t_s = 200$ ms einer Kurzzeitschweißung.

Die untersuchten Möglichkeiten den Prozess robuster gegenüber Spalten zwischen den Blechen zu gestalten sind:

Verlängerung der Schweißzeit: Eine Verlängerung der Schweißzeit vergrößert den Schweißstromeinstellbereich im Schweißbereichsdiagramm. Hierdurch sollte es möglich sein, auch bei größeren

Spalten zwischen den Blechen einen prozesssicheren Schweißbereich zu erhalten. Für die durchgeführten Versuche wird die Schweißzeit von $t_s = 200$ ms auf 600 ms (Langzeitschweißung) verlängert. (Bezeichnung: „Verlängerte Schweißzeit")

Erhöhung der Schweißkraft: Eine Erhöhung der Schweißkraft ermöglicht auch bei größeren Spalten ein Zusammendrücken der Bleche. Größere Zangenkräfte vergrößern den Schweißstromeinstellbereich im Schweißbereichsdiagramm. Hierdurch sollte es möglich sein, auch bei größeren Spalten zwischen den Blechen einen prozesssicheren Schweißbereich zu erhalten. Bei diesen Untersuchungen wird die Schweißkraft von $F_{Schw} = 3{,}5$ kN auf 5 kN erhöht. (Bezeichnung: „Erhöhte Schweißkraft")

Verwendung eines geregelten Widerstandsschweißprozesses: Für diese Untersuchung wurde ein geregelter Widerstandsschweißprozess der Firma Harms+Wende (IQR-Regelung) verwendet. Dabei handelt es sich um einen Regelalgorithmus, der während des Schweißvorganges mit der Führungsgröße Widerstandsverlauf (durch Messung von Strom und Spannung) die Stellgrößen Schweißstrom und Schweißzeit selbstständig während des Schweißvorganges einstellt. Die Erstellung eines Schweißbereiches ist daher nicht möglich. Die Schweiß- und Regelparameter werden in der Oberfläche „IQR-Easy" programmiert. Um der Regelung maximale Freiheiten zu geben wird eine großzügige Begrenzung für Strom und Schweißzeit vorgegeben. Die übrigen Parameter werden in der Grundeinstellung belassen. Im eingestellten Parameterfeld der Regelung ist ein selbstständiges Einstellen des aus dem Schweißbereich mit dem Grundparameter ermittelten Stromes $I = 0{,}2$ kA unterhalb der Spritzergrenze möglich. Tabelle 5.6 zeigt die relevanten verwendeten Parameter der IQR-Regelung. Mit diesen Parametern ist es möglich bei dem verwendeten Werkstoff (HX340LAD t = 1,5 mm) im Nullspalt eine anforderungsgerechte und eine in Linsendurchmesser bzw. Eindrucktiefe den Grundparameter vergleichbare Zweiblechverbindung zu schweißen. (Bezeichnung: „Mit Regelung")

Tabelle 5.5 zeigt die Randbedingungen und Parameter für die Versuche zur Anwendung des geometrischen Prozessfensters beim Widerstandspunktschweißen.

Der Ablauf für die Ermittlung des geometrischen Prozessfensters für das Widerstandspunktschweißen ist in Abbildung 5.7 dargestellt.

Tabelle 5.5.: Versuchsrandbedingungen zur Ermittlung und Erweiterung der geometrischen Prozessfenster beim Widerstandspunktschweißen (Zweiblechverbindung; Werkstoff: HX340LAD t = 1,5 mm)

Untersuchung / Parameter	**Grundparameter**	**Möglichkeiten zur Erweiterung des Prozessfensters**		
		Verlängerte Schweißzeit	**Erhöhte Schweißkraft**	**Mit Regelung**
Schweißkraft F_{Schw} in kN	3,5	3,5	5	3,5
Schweißzeit t_s in ms	200	600	200	siehe Tabelle 5.6
verwendeter „Empfohlener Schweißstrom“ I in kA (ermittelt in Vorversuchen)	11,0	9,2	11,2	
Regelung	keine			IQR

Tabelle 5.6.: Parameter der verwendeten IQR-Regeung

Parameter	**Betrag**
Basistrom	8 kA
Maximaler Strom	11 kA
Schweißzeit	200 ms
Maximale Schweißzeit	600%
Aggresivität	150
Stromreduktion	30

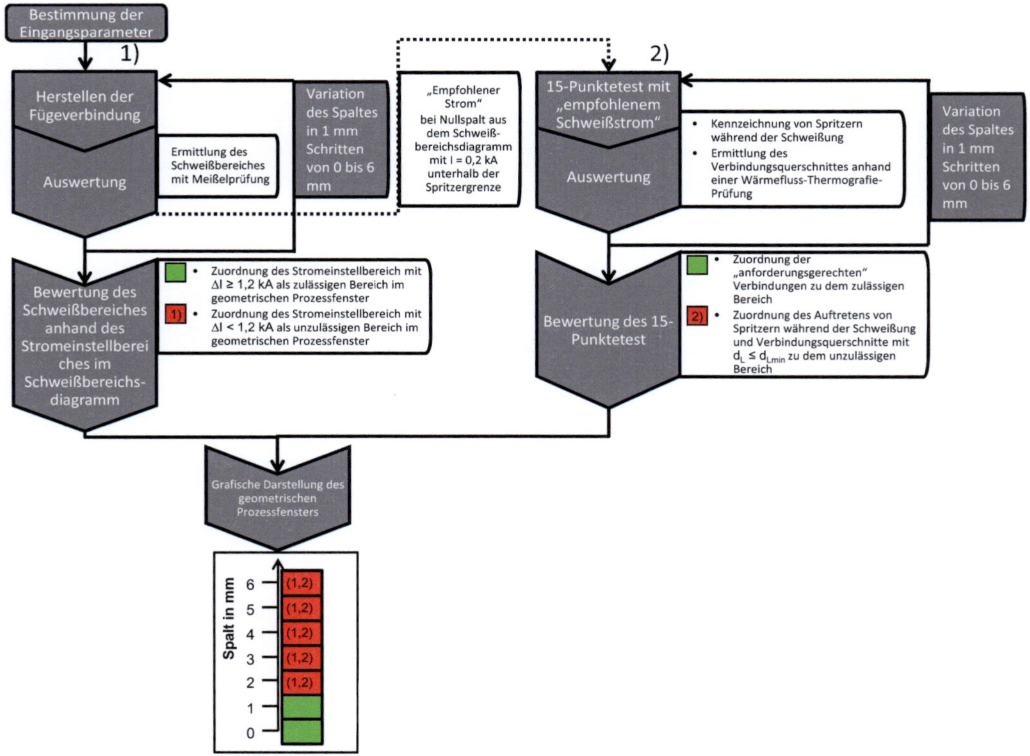

Abbildung 5.7.: Methodik zur Erstellung des geometrischen Prozessfensters beim Widerstandspunktschweißen

5.1.3. Durchführung der Versuche zur Ermittlung der geometrischen Prozessfenster

Durchführung der Schweißversuche beim MSG-Schweißen:

Als Stromquelle für die MSG-Schweißung wird eine Inverter-Stromquelle verwendet. Zum Bewegen des Schweißbrenners dient ein 6-Achs Roboter. Bei allen MSG-Schweißungen wird der Zusatzdraht EN 440: G3Si1 mit einem Durchmesser von d = 1,0 mm und ein Schutzgas mit der Zusammensetzung 82% Ar und 18% CO_2 mit einer Durchflussmenge von 12 l/min verwendet.

Zum Einspannen der Versuchsbleche wird eine pneumatische Vorrichtung verwendet. Die Spalte werden mit Abstandsblechen eingestellt, die sich ca. 1 cm neben dem Nahtbereich befinden. Hierdurch ist es möglich die Spalte auf ± 1/10 mm genau einzustellen und auch während des Schweißens konstant zu halten. Der Bauteilversatz wird durch Versetzen der Brennerposition über die Roboterprogrammierung eingestellt. Nach dem Einlegen der Bleche in die Schweißvorrichtung wird die Roboterposition an die Bauteilkante mit dem zu untersuchenden Versatz angepasst. Eine ausreichende Genauigkeit von ± 1/10 mm kann bei der Versatzeinstellung gewährleistet werden.

Der verwendete Versuchsstand ist in Abbildung 5.8 dargestellt.

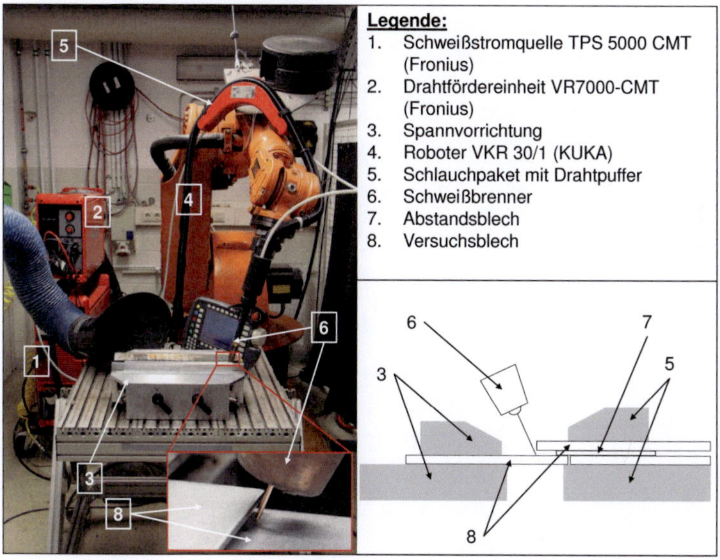

Abbildung 5.8.: Versuchsaufbau der MSG-Schweißversuche

Durchführung der Schweißversuche beim Laserstrahlschweißen:

Für die Versuche wird ein Nd:YAG-Laser mit einer Laserleistung von $P_L = 4$ kW verwendet. Bei den MSG-Laser-Hybridschweißungen wird zusätzlich als MSG-Schweißstromquelle eine Inverter-Stromquelle verwendet. Der Laserbearbeitungskopf ist fest montiert und die Vorrichtung wird über einen Linearvorschub bewegt.

Vor dem Schweißen wird mit einem Triangulationssensor zusätzlich der Spalt zwischen den Blechen durch eine Abstandsmessung der Vorrichtung zum Oberblech überprüft.

Zum Einspannen der Versuchsbleche wird eine Vorrichtung verwendet, bei der die zu verschweißenden Bleche über eine verschraubte Spannplatte fest auf die Vorrichtung fixiert werden. Die Spannplatte überdeckt dabei das gesamte Versuchsblech. Die Fügestelle ist von oben durch eine 15 mm breite geschlitzte Öffnung erreichbar. Der Spalt zwischen den Blechen wird durch Fühlerlehrenbänder, welche sich auf beiden Seiten der Fügestelle in 7 mm Abstand von Nahtmitte befinden, eingestellt. Mit Hilfe der Vorrichtung, des Fühlerlehrenbandes sowie einer gründlichen Reinigung der Bleche von Staub und Verschmutzung kann der Spalt mit ausreichender Genauigkeit eingestellt und während des Schweißens konstant gehalten werden.

Abbildung 5.9 zeigt den verwendeten Versuchsstand für die Laserstrahlschweißversuche.

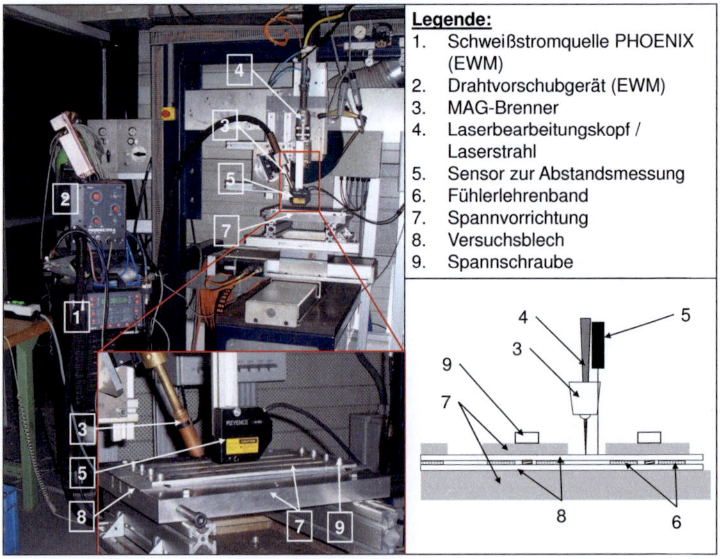

Abbildung 5.9.: Versuchsaufbau der Laserstrahlschweißversuche

Durchführung der Schweißversuche beim Widerstandspunktschweißen:

Als Stromquelle für das Widerstandspunktschweißen dient ein Mittelfrequenzinverter. Bei der Zange handelt es sich um eine Elektromotorische Roboterpunktschweiß-C-Zange, die durch einen

6-Achs Roboter geführt wird. Es werden Elektrodenkappen nach DIN ISO 5821 - F16 x 20 aus CuCr1Zr verwendet.

Beim Widerstandspunktschweißen ist die Spanntechnik in das Fügeverfahren integriert. Neben dem zu untersuchenden Spalt und der Bauteileigenschaften mit Festigkeit, Dehnung und der Blechdicke des verwendeten Werkstoffes, übt ebenso die Einspannbedingung einen erheblichen Einfluss auf die Prozessicherheit des Verfahrens und auf die Qualität der entstehenden Verbindung aus. Aus diesem Grund wird in Anlehnung an [16, 17] eine selbst konstruierte Vorrichtung verwendet, bei der eine definierte Einspannbedingung vorliegt und mittels Zwischenlagen der Abstand zwischen den Blechen variiert wird. Der Zwischenlagenabstand P beträgt $P = 50$ mm und die Blechbreite beträgt $b = 45$ mm. Mit dieser Vorrichtung ist es möglich für jeden Schweißpunkt vergleichbare Einspann- und Nebenschlussbedingungen herzustellen.

Um gleiche Kontaktbedingungen für die Versuche zu gewährleisten und damit reproduzierbare Ergebnisse zu erhalten, werden vor jeder Versuchsserie die Kappen blank gefräst. Nach dem Fräsen werden 50 unbewertete Schweißungen erstellt und anschließend alle Spaltvariationen der Versuchsserie ohne zwischenzeitliches Fräsen verschweißt.

In Abbildung 5.10 ist der verwendete Versuchsstand für die Widerstandspunktschweißversuche dargestellt.

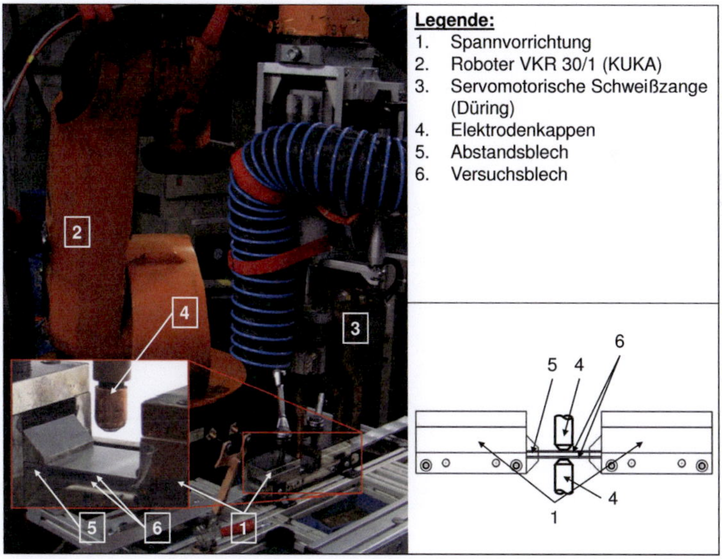

Abbildung 5.10.: Versuchsaufbau der Widerstandspunktschweißversuche

Durchführung der Sichtprüfung und der metallografischen Untersuchung:

Für die Versuche zur Ermittlung der geometrischen Prozessfenster werden Sichtprüfungen gemäß DIN EN 970 durchgeführt und metallografische Schliffe angefertigt. Dabei werden bei den zu untersuchenden Verbindungen des MSG- und Laserstrahlschweißens Querschliffe in der Nahtmitte erstellt. Für ergänzende Darstellungen werden von ausgewählten Punktschweißverbindungen Schliffe aus der Verbindungsmitte erstellt. (Abbildung: 5.11) Die metallografischen Untersuchungen werden an einem Stereomikroskop Stemi 2000 der Firma Zeiss durchgeführt. Die zu untersuchenden Proben werden dabei vor der Untersuchung quer zur Naht oder längs entlang der Naht getrennt, geschliffen und poliert. Das Gefüge wird durch Ätzen mit Nital (alkoholische Salpetersäure mit 97% Ethanol und 3% Salpetersäure) sichtbar gemacht.

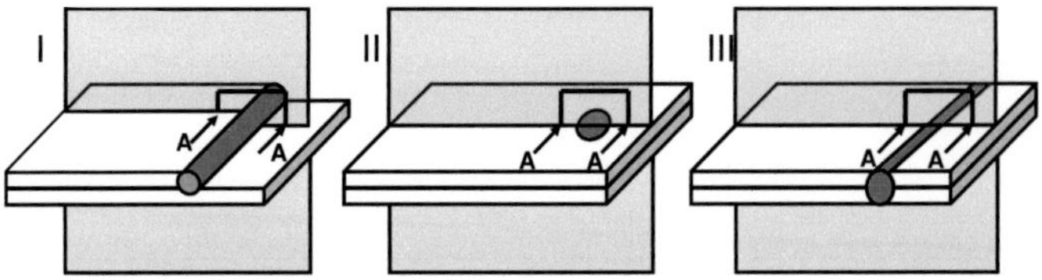

Abbildung 5.11.: Metallografische Darstellungen der untersuchten Proben
I Querschliff - MSG-Naht (A-A)
II Querschliff - Widerstandspunktschweißverbindung (A-A)
III Querschliff - Laserstrahl-Naht(A-A)

Durchführung der Meißelprüfung:

Die Meißelprüfung wird an Widerstandspunktschweißverbindungen in Anlehnung an die DIN EN ISO 10447 durchgeführt. (Abbildung: 5.12) Dabei wird die zu untersuchende Punktschweißverbindung mithilfe eines Gabelmeißels durch eine Kopfzugkraft bis zum Bruch belastet und am herausgetrennten Butzen der Punktdurchmesser der Verbindung ermittelt.

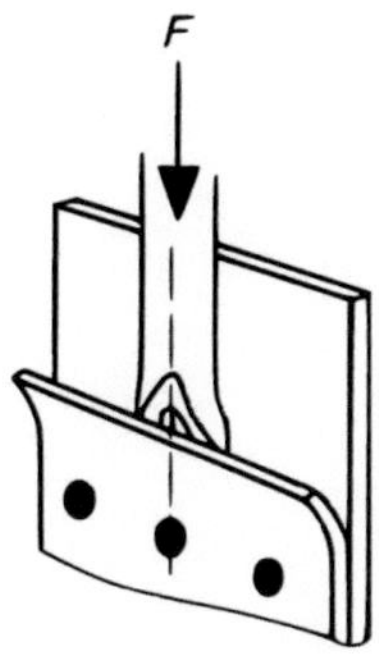

Abbildung 5.12.: Meißelprüfung von Widerstandspunktschweißverbindungen mit einem Gabelmeißel [69]

Durchführung der Wärmefluss-Thermografie:

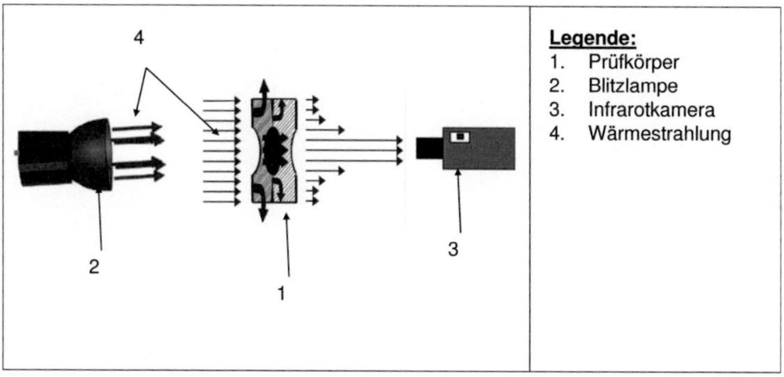

Abbildung 5.13.: Versuchsaufbau Wärmefluss-Thermografie

Bei der Wärmefluss-Thermografie handelt es sich um eine zerstörungsfreie Qualitätsprüfung. Im Vergleich zur Meißelprüfung können bei dieser Untersuchung große Punktmengen mit geringem zeitlichem Aufwand auf Unregelmäßigkeiten untersucht werden. Bei dieser Untersuchung wird mit einer Blitzlampe Wärme in eine Punktschweißverbindung eingebracht und der zeitliche Wärmeverlauf durch diese Verbindung von einer sich auf der gegenüberliegenden Bauteilseite befindenden Infrarotkamera erfasst [44]. In Abbildung 5.13 ist der verwendete Prüfstand der Wärmefluss-Thermografie dargestellt. Über eine Prüfsoftware (Abbildung: 5.14) werden Unregelmäßigkeiten in der Verbindung, wie zum Beispiel Poren oder Anbindungsfehler, ermittelt und der Linsendurchmesser bestimmt. Die Thermografieprüfung wird im Rahmen dieser Arbeit zur zerstörungsfreien Ermittlung des Linsendurchmessers von Punktschweißverbindungen verwendet.

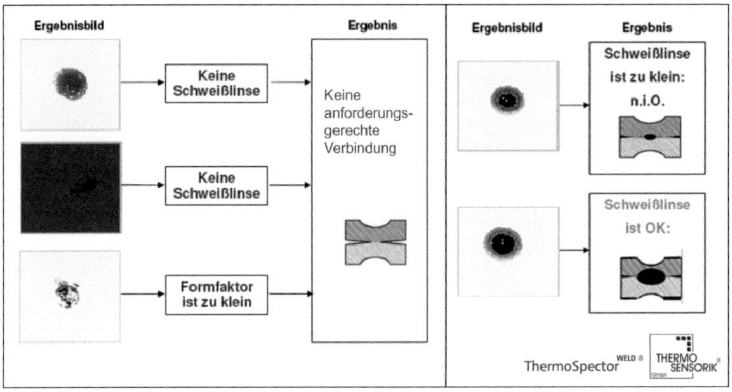

Abbildung 5.14.: Auswertung der Wärmefluss-Thermografie mit einer Prüfsoftware [61]

5.2. Ergebnisse der Untersuchungen

In diesem Teil der Untersuchung werden die jeweiligen geometrischen Prozessfenster zu Anwendung gebracht. Dabei wird die Erstellung am Beispiel eines jeweiligen Grundparameters ausführlich dargelegt. Anschließend wird dieses geometrische Prozessfenster des jeweiligen Grundparameters mit den geometrischen Prozessfenstern von verfahrensspezifischen Möglichkeiten zur Steigerung der Robustheit verglichen.

5.2.1. Ermittlung des geometrischen Prozessfensters für das MSG-Schweißen

Bei der Ermittlung des geometrischen Prozessfensters für das MSG-Schweißen werden Schweißungen an Versuchsblechen bei unterschiedlichen Spalt und Versatzvariationen durchgeführt. Anschließend werden diese Schweißungen einer Sichtprüfung unterzogen, Makroschliffe erstellt und in Anlehnung an die DIN EN ISO 5817 bewertet. In Abbildung 5.15 sind die Makroschliffe und deren bewertete Qualität des Grundparametersatzes der einzelnen MSG-Schweißverbindungen bei unterschiedlichen Spalt und Versatzvariationen dargestellt.

Aus dieser Bewertung werden die Verbindungen den zulässigen und den unzulässigen Bereichen im geometrischen Prozessfenster zugeordnet und wie in Abbildung 5.16 grafisch dargestellt.

Am erstellten geometrischen Prozessfenster kann abgelesen werden, dass es möglich ist eine anforderungsgerechte Verbindung bis zu einem Spalt von S = 1,5 mm herzustellen. Ohne Spalt und mit einen Spalt von S = 0,5 mm sind dabei Abweichungen im Kantenversatz im Bereich V = -1 mm bis V = +2 mm zulässig. Bei einem Spalt von S = 1,0 mm verschiebt sich dieser Bereich in Richtung des Oberbleches zu V = -2 mm bis V = +1 mm. Bei einem Spaltmaß zwischen den Blechen von S = 1,5 mm ist das Herstellen einer anforderungsgerechten Verbindung nur bei einem Versatz von V = -1 mm möglich.

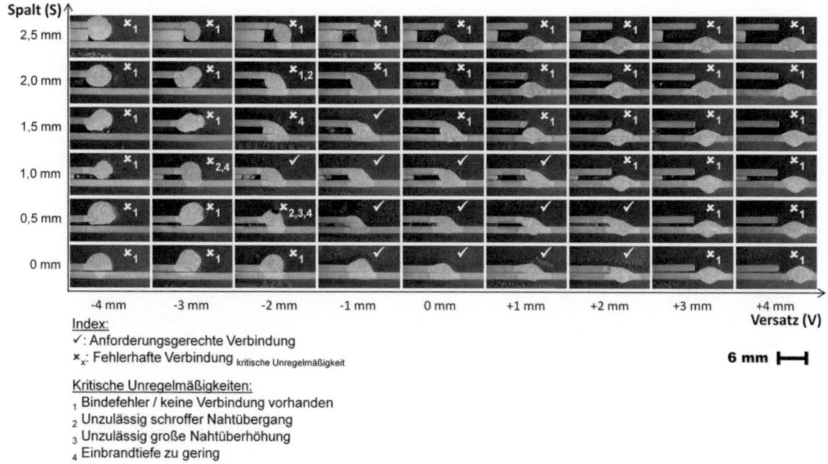

Abbildung 5.15.: Makroschliffe der MSG-Schweißung: **Grundparameter** bei unterschiedlichen Spalten (vertikal) und Kantenversätzen (horizontal) (v_D = 5 m/min, v_S = 12 mm/s, Werkstoff: H340LAD Z100 t = 1,5 mm, Schweißposition: PB, Zusatzdraht: EN440:G3SI1 d = 1,0 mm, Schutzgas: 82% Ar und 18% CO_2) [verkleinerte Darstellung vgl. auch Abbildung D.1 im Anhang]

5.2.2. Vergleich von Möglichkeiten zur Steigerung der Robustheit beim MSG-Schweißen am geometrischen Prozessfenster

In Darstellung 5.17 sind die untersuchten Möglichkeiten für das MSG-Schweißen zur Erweiterung des geometrischen Prozessfensters im Vergleich zu dem gestrichelt dargestellten geometrischen Prozessfenster des Grundparameters dargestellt und nachfolgend erläutert. Die detaillierten Versuchsergebnisse dieser Untersuchung sind in Anhang D.1 bis D.7 dargestellt.

Erhöhung der Drahtvorschubgeschwindigkeit: (I und II in Abbildung 5.17) Durch Erhöhung der Drahtvorschubgeschwindigkeit v_D wird mehr Zusatzmaterial eingebracht und durch die vom Prozess bedingte gekoppelte Steigerung des Schweißstromes erhöht sich dabei auch die Streckenenergie. Der Grundwerkstoff des Oberbleches wird komplett aufgeschmolzen und steht zusätzlich zu dem eingebrachten Schweißzusatzwerkstoff zur Überbrückung des Spaltes zur Verfügung. Aus diesem Grund verschiebt das geometrische Prozessfenster mit zunehmender Erhöhung der Drahtvorschubgeschwindigkeit in Richtung des Oberbleches und ermöglicht eine anforderungsgerechte Verbindung auch bei größeren Spalten.

Reduzierung der Schweißgeschwindigkeit: (III in Abbildung 5.17) Die Reduzierung der Schweißgeschwindigkeit v_S bewirkt eine Zunahme der Menge des eingebrachten Zusatzwerkstoffes und eine Steigerung der Streckenenergie pro geschweißter Nahtlänge. Das Schmelzbad verbreitert sich und die Einbrandtiefe nimmt zu. Mit einer auf $v_S = 8\ mm/s$ reduzierten Schweißgeschwindigkeit ist eine Spaltüberbrückung bis S = 2,0 mm möglich. Im Vergleich zu dem Grundparameter

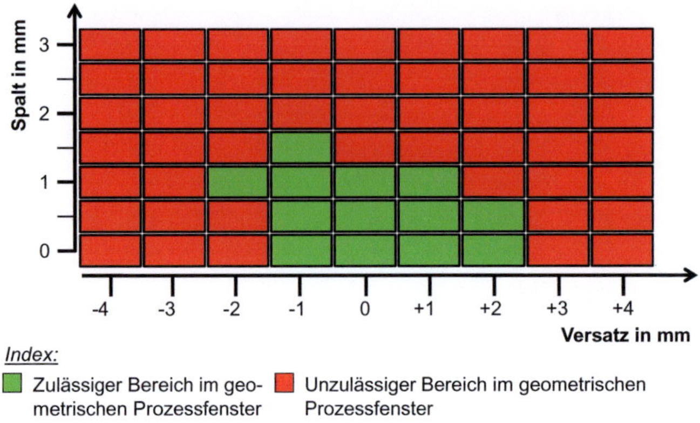

Abbildung 5.16.: Geometrisches Prozessfensters für den Grundparameter beim MSG-Schweißen (v_D = 5 m/min, v_S = 12 mm/s, Werkstoff: H340LAD Z100 t = 1,5 mm, Schweißposition: PB, Zusatzdraht: EN440:G3SI1 d = 1,0 mm, Schutzgas: 82% Ar und 18% CO_2)

vergrößert sich der Bereich des zulässigen Kantenversatzes.

Überlagerung einer Pendelbewegung: (IV in Abbildung 5.17) Wider der Erwartung kam es bei dem Schweißen mit einer überlagerter Pendelbewegung zu keiner Vergrößerung des Bereiches eines zulässigen Versatzes. Ursachen dafür sind, dass der Lichtbogen auf den verzinkten Blechen nur sehr träge der Bewegung des Roboters folgt und die Kurzschlussphase durch die Pendelbewegung gestört wird und somit zu einem unruhigen Prozessverlauf führt. Ein Spalt ist nur bis S = 1,0 mm überbrückbar und der zulässige Kantenversatz verschiebt sich in Richtung des positiven Versatzes (in Richtung Unterblech).

Wärmereduzierte Verfahrensvariante: (V und VI in Abbildung 5.17) Die Wärmereduzierte Verfahrensvariante I ist eine dem Grundparameter vergleichbare Parametereinstellung für das CMT-Schweißen. Hierbei ist, wie beim Grundparameter, eine Spaltüberbrückung von S = 1,5 mm möglich, wobei bei diesem Spalt eine größere Abweichung im Kantenversatz zulässig ist. Bei dieser wärmereduzierten Verfahrensvariante des MSG-Schweißens kann die Schweißgeschwindigkeit, ohne ein Durchsacken des Schweißgutes, auf v_S = 6 mm/s reduziert werden. Hierbei kam es zu einer deutlichen Steigerung der Spaltüberbrückbarkeit auf S = 2,5 mm. Im Falle eines Nullspaltes ist hierbei allerdings der Bereich des zulässigen Versatzes kleiner als der des Grundparameters. Mit zunehmendem Spalt nimmt dieser Bereich des zulässigen Versatzes deutlich zu.

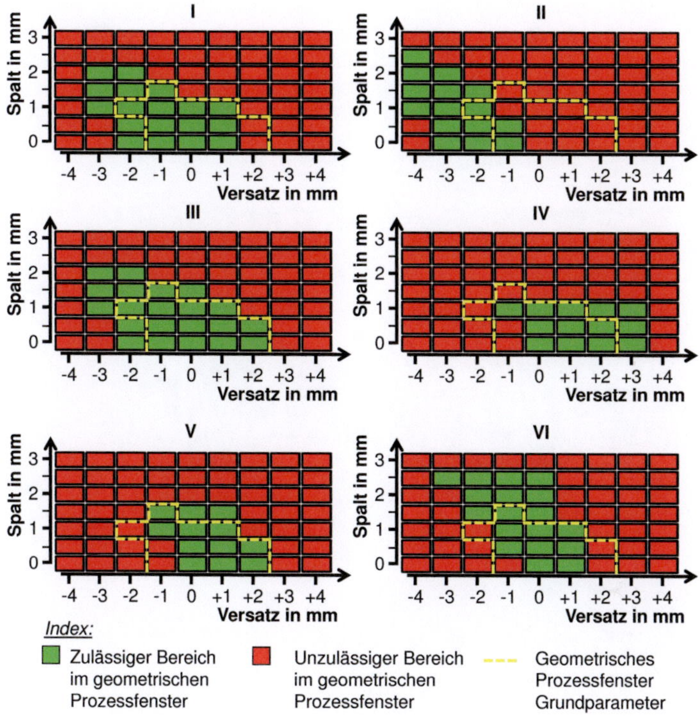

Abbildung 5.17.: Größe der geometrischen Prozessfenster im Vergleich zu dem geometrischen Prozessfenster des Grundparameters

I: Erhöhte Drahtvorschubgeschwindigkeit I ($v_D = 7$ m/min, $v_S = 12$ mm/s)

II: Erhöhte Drahtvorschubgeschwindigkeit II ($v_D = 9$ m/min, $v_S = 12$ mm/s)

III: Reduzierte Schweißgeschwindigkeit ($v_D = 5$ m/min, $v_S = 8$ mm/s)

IV: Überlagerte Pendelbewegung (Bewegung sinusförmig mit Amplitude 4 mm und Periode 1 mm, $v_D = 3$ m/min, $v_S = 4$ mm/s)

V: Wärmereduzierte Verfahrensvariante I (CMT, $v_D = 7$ m/min, $v_S = 10$ mm/s)

VI: Wärmereduzierte Verfahrensvariante II (CMT, $v_D = 7$ m/min, $v_S = 6$ mm/s)

(I-VI: Werkstoff: H340LAD Z100 t = 1,5 mm, Schweißposition: PB, Zusatzdraht: EN440:G3SI1 d = 1,0 mm, Schutzgas: 82% Ar und 18% CO_2)

5.2.3. Ermittlung des geometrischen Prozessfensters für das Laserstrahlschweißen

Bei der Ermittlung des geometrischen Prozessfensters für das Laserstrahlschweißen werden Schweißungen an Versuchsblechen bei unterschiedlichen Spaltvariationen durchgeführt. Anschließend werden diese Schweißungen einer Sichtprüfung unterzogen, Makroschliffe erstellt und in Anlehnung an die DIN EN ISO 13919-1 bewertet. In Abbildung 5.18 sind die Makroschliffe und deren bewertete Qualität des Grundparametersatzes der einzelnen Laserstrahl-Schweißverbindungen bei unterschiedlichen Spaltvariationen dargestellt.

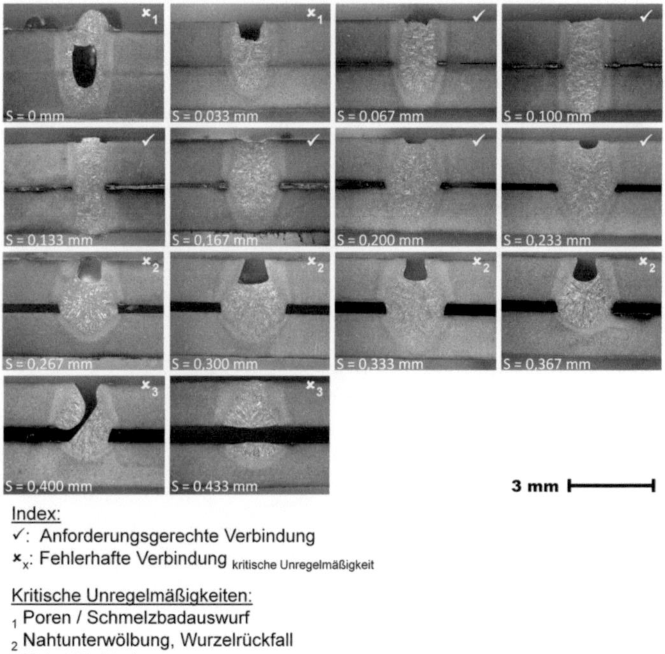

Abbildung 5.18.: Makroschliffe der Laserstrahlschweißungen: **Grundparameter** bei unterschiedlichen Spalten S = 0 mm (links oben) bis S = 0,433 mm (rechts unten) (v_S = 3,0 m/min, d_F = 600 μm, P_L= 4 kW, Werkstoff: H340LAD Z100 t = 1,5 mm, Lasertyp: ND:YAG-Laser, Schweißposition: PA)

Aus dieser Bewertung werden die Verbindungen den zulässigen und den unzulässigen Bereichen im geometrischen Prozessfenster zugeordnet und wie in Abbildung 5.19 grafisch dargestellt.

Am erstellten geometrischen Prozessfenster kann abgelesen werden, dass es möglich ist eine anforderungsgerechte Verbindung im Bereich eines Spaltes von S = 0,067 mm bis S = 0,233 mm zu erzeugen.

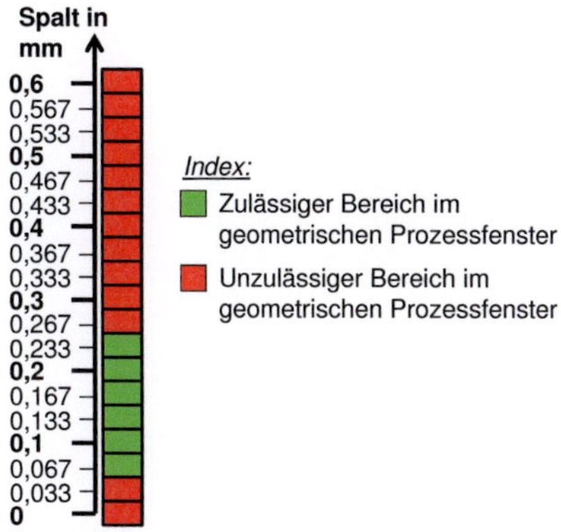

Abbildung 5.19.: Geometrisches Prozessfenster für den Grundparameter beim Laserstrahlschweißen
(v_S = 3,0 m/min, d_F = 600 μm, P_L= 4 kW, Werkstoff: H340LAD Z100 t = 1,5 mm, Lasertyp: ND:YAG-Laser, Schweißposition: PA)

5.2.4. Vergleich von Möglichkeiten zur Steigerung der Robustheit beim Laserstrahlschweißen am geometrischen Prozessfenster

In Darstellung 5.20 sind die untersuchten Möglichkeiten für das Laserstrahlschweißen zur Erweiterung des geometrischen Prozessfensters im Vergleich zu dem gestrichelt dargestellten geometrischen Prozessfenster des Grundparameters dargestellt. Die detaillierten Versuchsergebnisse dieser Untersuchung sind in Anhang E.1 bis E.5 dargestellt.

Reduzierung der Schweißgeschwindigkeit: (I und II in Abbildung 5.20) Die Reduzierung der Schweißgeschwindigkeit v_S bewirkt eine Steigerung der Streckenenergie pro geschweißter Nahtlänge und somit eine Zunahme der Einbrandtiefe. Im Vergleich zu dem Grundparameter ist es bei dieser Schweißgeschwindigkeit auch bei größeren Spalten zwischen den Blechen möglich beide Bleche komplett zu durchschweißen. Aus diesem Grund kommt es auch bei größeren Spalten zu einer gleichmäßig verteilten Nahtunterwölbung und zu einem Wurzelrückfall. Mit dem Grundparameter hingegen kommt es ausschließlich zu einer einseitigen Nahtunterwölbung, die bei größer werdenden Spalten unzulässig groß wird. Mit einer auf v_S = 2,5 m/min reduzierten Schweißgeschwindigkeit vergrößert sich das geometrische Prozessfenster geringfügig auf eine Spaltüberbrückung von S = 0,233 mm auf S = 0,267 mm. Bei einer weiteren Reduzierung auf v_S = 2,0 m/min kommt es zu einer signifikanten Vergrößerung des geometrischen Prozessfensters. Bei dieser Schweißgeschwindigkeit ist eine Spaltüberbrückung bis S = 0,4 mm möglich. Ebenso vergrößert sich mit sinkender Schweißgeschwindigkeit das geometrische Prozessfenster in den Bereich kleiner Spalte. Mit einer Schweißgeschwindigkeit von v_S = 2,0 m/min ist es möglich eine anforderungsgerechte Verbindung mit einem Nullspalt herzustellen.

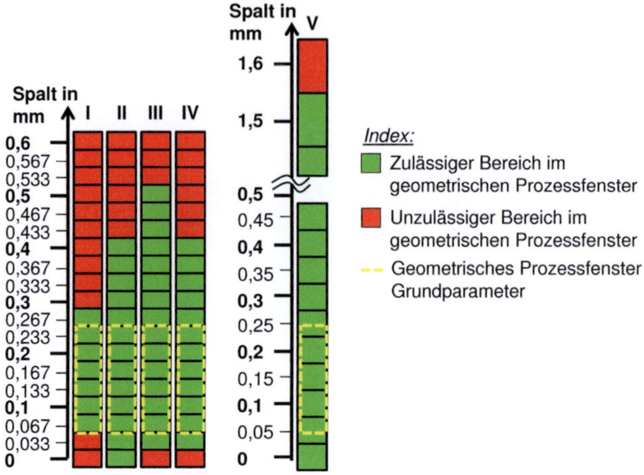

Abbildung 5.20.: Größe der geometrischen Prozessfenster im Vergleich zu dem geometrischen Prozessfenster des Grundparameters
I: Reduzierte Schweißgeschwindigkeit I (v_S = 2,5 m/min, d_F = 600 μm)
II: Reduzierte Schweißgeschwindigkeit II (v_S = 2,0 m/min, d_F = 600 μm)
III: Vergrößerter Fokusdurchmesser (v_S = 1,5 m/min, d_F = 1200 μm)
IV: Mit Zusatzwerkstoff (v_S = 3,0 m/min, d_F = 600 μm, v_D = 2 m/min)
V: MSG-Laser-Hybridschweißungen (v_S = 3,0 m/min, d_F = 600 μm; MSG: I = 100 A v_D = 4,1 m/min, Zusatzdraht: EN440:G3SI1 d = 1,0 mm, Schutzgas: 82% Ar und 18% CO_2)
(I-V: P_L= 4 kW, Werkstoff: H340LAD Z100 t = 1,5 mm, Lasertyp: ND:YAG-Laser, Schweißposition: PA)

Vergrößerter Fokusdurchmesser: (III in Abbildung 5.20) Durch den vergrößerten Fokusdurchmesser verbreitert sich das Schmelzbad und es steht mehr Material zum Auffüllen des Zwischenraumes zwischen den Bauteilen zu Verfügung. Mit einem auf d_F = 1200 μm vergrößerten Fokusdurchmesser ist eine Spaltüberbrückung bis zu einem Spalt von S = 0,5 mm möglich. Um bei gleicher Laserleistung eine sichere Durchschweißung (bei einem Spalt von S = 0,2 mm) zu erreichen, musste für diesen Versuch die Schweißgeschwindigkeit auf v_S = 1,5 m/min reduziert werden. Im Bereich des Nullspaltes kam es auch hier zu Schmelzbadauswürfen durch das verdampfende Zink zwischen den Blechen.

Mit Zusatzwerkstoff: (IV in Abbildung 5.20) Durch die Zufuhr eines Zusatzwerkstoffes steht zur Spaltfüllung mehr Material zur Verfügung. Bei dieser Verfahrensvariante vergrößert sich das geometrische Prozessfenster und ein Spalt kann bis S = 0,4 mm überbrückt werden. Eine weitere Steigerung der Spaltüberbrückbarkeit durch alleinige Erhöhung der Drahtvorschubgeschwindgkeit ist dabei nicht möglich. Durch das zusätzlich eingebrachte Material wird ein Teil der Laserstrahlleistung zum Aufschmelzen des Zusatzwerkstoffes benötigt. Mit der restlichen Energie ist es nicht mehr möglich beide Bleche aufzuschmelzen. Im Bereich des Nullspaltes kam es auch bei dieser Verfahrensvariante zu Schmelzbadauswürfen durch das verdampfende Zink zwischen den Blechen.

LASER-MSG-Hybridschweißung: (V in Abbildung 5.20) Durch den gekoppelten MSG-Prozess wird zusätzlich Material und Energie eingebracht. Bei dieser Verfahrensvariante war eine Spaltüberbrückung bis S = 1,5 mm möglich und bei einem Nullspalt konnte eine anforderungsgerechte Verbindung hergestellt werden. Die Spaltüberbrückung beim LASER-MSG-Hybridschweißen ist mit der des reinen MSG-Schweißens vergleichbar, wobei im Vergleich zum reinen MSG-Schweißen der Prozess mit höherer Schweißgeschwindigkeit abläuft.

5.2.5. Ermittlung des geometrischen Prozessfensters für das Widerstandspunktschweißen

Bei der Ermittlung des geometrischen Prozessfensters für das Widerstandspunktschweißen werden Schweißungen an Versuchsblechen bei unterschiedlichen Spaltvariationen durchgeführt. Dabei wird mit zunehmendem Spalt zum Einen die Größe des Schweißstromeinstellbereiches im Schweißbereichsdiagramm und anschließend die Qualität von 15 mit einem konstanten Strom geschweißte Verbindungen ermittelt. In Abbildung 5.21 sind die Ergebnisse und deren Bewertungen aus Teil I und in Abbildung 5.22 aus Teil II der Untersuchung dargestellt.

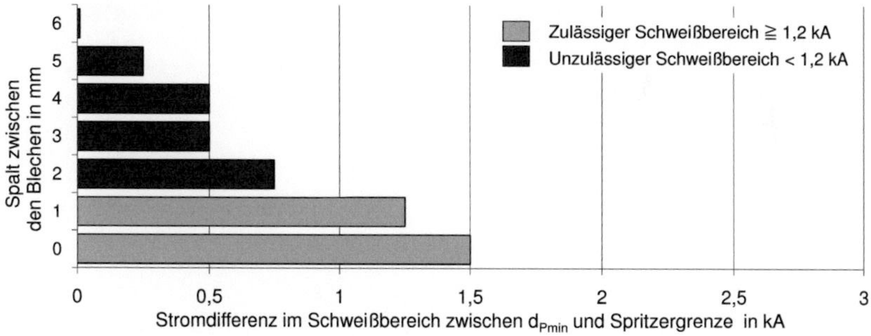

Abbildung 5.21.: Schweißstromeinstellbereich in Abhängigkeit vom Spalt bei dem Widerstandspunktschweißen: **Grundparameter** für einen variablen Spalt (t_S = 200 ms; F_{Schw} = 3,5 kN, Werkstoff: H340 LAD Z100 t = 1,5 mm, Elektrodenkappen: DIN EN ISO 5821 - F16 x 20 aus CuCr1Zr)

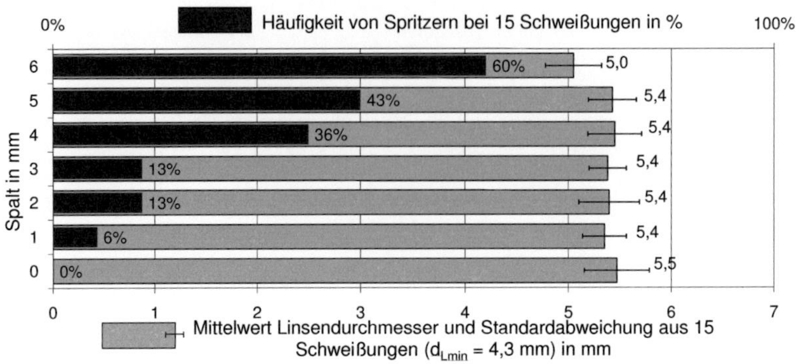

Abbildung 5.22.: Mittelwert der Linsendurchmesser und die Häufigkeit der aufgetretenen Spritzer in Abhängigkeit vom Spalt bei dem Widerstandspunktschweißen: **Grundparameter** für einen variablen Spalt
(t_S = 200 ms; F_{Schw} = 3,5 kN; I_{empf} = 11,0 kA, Werkstoff: H340 LAD Z100 t = 1,5 mm, Elektrodenkappen: DIN EN ISO 5821 - F16 x 20 aus CuCr1Zr)

Aus dieser Bewertung werden die Verbindungen dem zulässigen und dem unzulässigen Bereichen im geometrischen Prozessfenster zugeordnet und wie in Abbildung 5.23 grafisch dargestellt.

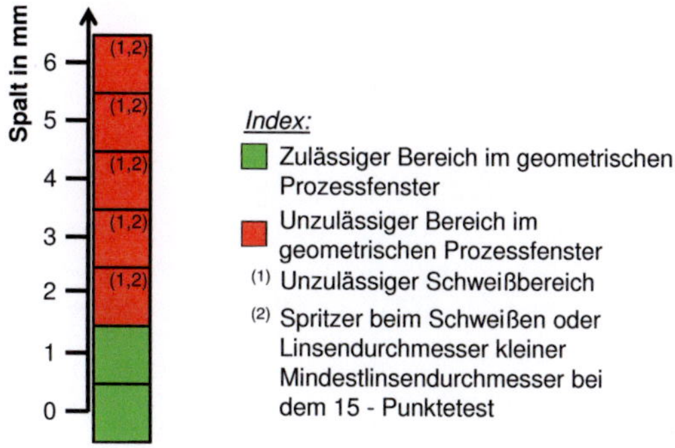

Abbildung 5.23.: Geometrisches Prozessfenster für den Grundparameter beim Widerstandspunktschweißen
(t_S = 200 ms; F_{Schw} = 3,5 kN, Werkstoff: H340 LAD Z100 t = 1,5 mm, Elektrodenkappen: DIN EN ISO 5821 - F16 x 20 aus CuCr1Zr)

Am erstellten geometrischen Prozessfenster kann abgelesen werden, dass es mit den gewählten Werkstoff HX340LAD mit einer Blechdicke von t = 1,5 mm und die gewählte Einspannbedingung in der verwendeten Vorrichtung möglich ist eine anforderungsgerechte Verbindung bis zu einen Spaltes von S = 1 mm zu erzeugen.

5.2.6. Vergleich von Möglichkeiten zur Steigerung der Robustheit beim Widerstandspunktschweißen am geometrischen Prozessfenster

In Darstellung 5.24 sind für das Widerstandspunktschweißen die untersuchten Möglichkeiten zur Erweiterung des geometrischen Prozessfensters im Vergleich zu dem gestrichelt dargestellten geometrischen Prozessfenster des Grundparameters dargestellt. Die detaillierten Versuchsergebnisse dieser Untersuchung sind in Anhang F.1 bis G.3 dargestellt.

Verlängerte Schweißzeit: (I in Abbildung 5.24) Das Verlängern der Schweißzeit bewirkt eine deutliche Vergrößerung des geometrischen Prozessfensters bis zu einem Spalt von S = 4 mm. Ein zulässiger Schweißbereich ist dabei bis zu einem Spalt von S = 5 mm vorhanden. Ab einem Spalt von S = 5 mm traten während des Schweißvorganges mit einem konstanten Parameter Spritzer zwischen den Blechen auf, die zu Verbindungen mit einem zu tiefen Elektrodeneindruck führten.

Erhöhte Schweißkraft: (II in Abbildung 5.24) Die Erhöhung der Schweißkraft bewirkt auch eine Vergrößerung des geometrischen Prozessfensters bis zu einem Spalt von S = 3 mm. Der Schweißbereich wird ab einen Spalt von S = 4 mm unzulässig klein. Bei dem Schweißen mit einem konstanten Parametersatz traten bis zu dem untersuchten maximalen Spalt von S = 6 mm keine Unregelmäßigkeiten durch Spritzer oder zu kleine Verbindungsquerschnitte auf.

Mit Regelung: (III in Abbildung 5.24) Bei der Verwendung der IQR-Regelung kam es ebenso zu einer Vergrößerung des geometrischen Prozessfensters. Da die Regelung selbstständig die Schweißparameter einstellt konnte kein Schweißbereich ermittelt werden. Bei dem Schweißen mit

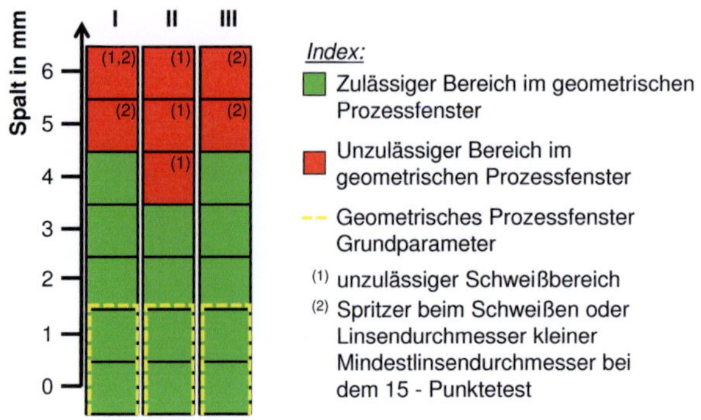

Abbildung 5.24.: Größe der geometrischen Prozessfenster im Vergleich zu dem geometrischen Prozessfenster des Grundparameters
I: Verlängerte Schweißzeit ($t_S = 600$ ms $F_{Schw} = 3{,}5$ kN)
II: Erhöhte Schweißkraft ($t_S = 200$ ms; $F_{Schw} = 5{,}0$ kN)
III: Mit Regelung (IQR-Regelung)
(I-III: Werkstoff: H340 LAD Z100 t = 1,5 mm, Elektrodenkappen: DIN EN ISO 5821 - F16 x 20 aus CuCr1Zr)

einem konstanten Parametersatz war es möglich anforderungsgerechte Verbindungen bis zu einem Spalt von S = 4 mm herzustellen. Ab einen Spalt von S = 5 mm kam es zu Spritzern während des Schweißens. Stichprobenhafte Kontrollen der von der Regelung eingestellten Schweißparameter zeigten, dass es mit zunehmendem Spalt vorrangig zu einer Verlängerung der Schweißzeit kam.

5.3. Diskussion der Ergebnisse

5.3.1. Verwendung des geometrischen Prozessfensters

Die Methode des geometrischen Prozessfensters eignet sich zur Darstellung der Robustheit eines Fügeverfahrens und zum Vergleich mit der Robustheit alternativer Parameter und Verfahrensvarianten.

Es konnte gezeigt werden, dass es mit dem geometrischen Prozessfenster beim MSG-Schweißen möglich ist die Robustheit der Parameter- und Verfahrensvarianten darzustellen und miteinander zu vergleichen. Dabei konnte mit den untersuchten Parameter und Verfahrensvariationen die Robustheit gegenüber geometrischen Schwankungen und insbesondere die Spaltüberbrückbarkeit deutlich gesteigert werden.

Mit Hilfe des geometrischen Prozessfensters konnte beim Laserstrahlschweißen gezeigt werden, dass es mit unterschiedlichen Varianten möglich ist, die Robustheit gegenüber geometrischen Schwankungen zu erweitern. Eine Erweiterung der Robustheit ist dabei sowohl in den Bereich größerer Spalte, als auch in den Bereich des Nullspaltes möglich. Die Methodik des geometrischen

Prozessfensters beim Laserstrahlschweißen eignet sich dabei auch für andere Verfahren an einer Liniennaht am Überlappstoß, wie dem Laser-MSG-Hybridschweißen.

Auch für das Widerstandspunktschweißen konnte mit Hilfe des geometrischen Prozessfensters nachgewiesen werden, dass es Möglichkeiten gibt, das geometrische Prozessfenster in den Bereich größerer Spalte zwischen den Blechen zu erweitern. Durch die Abhängigkeit von Werkstückdicke, Werkstofffestigkeit und der Einspannung beim Widerstandspunktschweißen ist die Aussagekraft eines einzelnen geometrischen Prozessfensters des Widerstandspunktschweißens sehr eingeschränkt. Die Wirksamkeit dessen verdeutlicht sich im Vergleich verschiedener Verfahrensvarianten untereinander.

Eine Übertragbarkeit auf andere Werkstoffe, andere Blechdickenbereiche oder weitere Verfahren ist im Rahmen dieser Arbeit nicht erfolgt, jedoch ohne weiteres denkbar.

5.3.2. Einfluss von geometrischen Schwankungen im Bereich der Fügeverbindung auf die Qualität der Verbindung

Bei den Versuchen zur Ermittlung der geometrischen Prozessfenster der Verfahren MSG-, Laserstrahl- und Widerstandspunktschweißen wurden weitere Erkenntnisse über den Einfluss von geometrischen Schwankungen im Bereich der Fügeverbindung auf die Qualität der Verbindung gesammelt. In den nachfolgenden Punkten werden die wesentlichsten davon erläutert.

MSG-Schweißen

Bei größeren Versatz- oder Spaltvariationen beim MSG-Schweißen kommt es zu fehlerhaften Verbindungen. Mit einer Überschreitung der Grenze im geometrischen Prozessfenster vom zulässigen zum unzulässigen Bereich kommt es zu einem unruhigen Nahtverlauf mit einem größer werdenden Anteil von Bindefehlern. Bei einer weiteren Vergrößerung der Spalte oder Kantenversätze in den unzulässigen Bereich kommt es zu der Unregelmäßigkeit „keine Verbindung vorhanden". Bei dieser Unregelmäßigkeit sind die Nähte zwar vorhanden, doch es besteht keine Verbindung zwischen den Blechen durch Auftragsraupen neben den zu verbindenden Bauteilkanten. Wenn bei einer solchen Auftragsraupe auf dem Unterblech die eingebrachte Wärme zu hoch ist kann es zu Durchbränden kommen. Weiterhin nimmt tendenziell der Einbrand im Unterblech mit einer Versatzvariation vom positivem zum negativem Versatz ab und der Nahtübergangswinkel am Übergang von der Naht zum Unterblech wird zunehmend spitzer (Abbildung 5.25). Einige der den Fehler bestimmenden Unregelmäßigkeiten treten demnach auch nur in bestimmten Gebieten des geometrischen Prozessfensters auf. So ist zum Beispiel die Unregelmäßigkeit „Einbrandtiefe zu gering" ausschließlich in einem kleinen Bereich hinter der Grenze vom zulässigen zum unzulässigen Bereich mit einer Versatzvariation in Richtung des Oberbleches zu finden (Abbildung 5.27). Durch den veränderlichen Nahtübergangswinkel am Unterblech bei Variation des Versatzes kann von einem Einfluss des Versatzes auf die Festigkeit unter schwingender Beanspruchung ausgegangen werden.

Mit zunehmendem Spalt kommt es, bedingt durch die Schrägstellung des Schweißbrenners, ebenso zu einer Versatzvariation, da sich das Oberblech vom Draht entfernt (Abbildung 5.26). Dies begründet auch, dass sich der zulässige Bereich im geometrischen Prozessfenster mit zunehmendem Spalt in Richtung des negativen Versatzes (in Richtung des Oberbleches) verschiebt. Durch

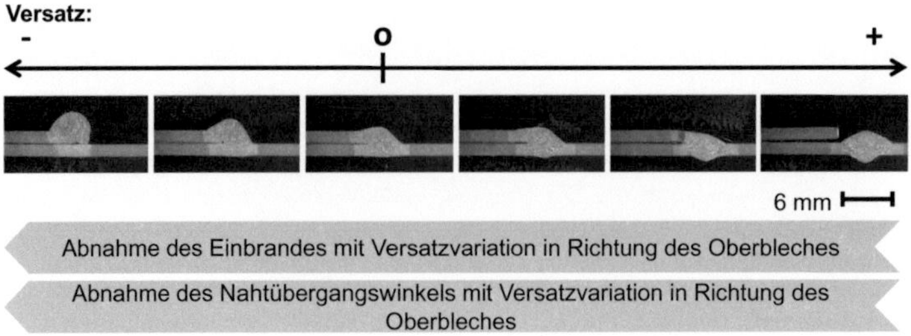

Abbildung 5.25.: Auswirkung der Versatzvariation beim MSG-Schweißen

diese Abhängigkeit des zulässigen Versatzbereiches vom Spalt erweist es sich als sinnvoll, Kantenerkennungssysteme nur in Verbindung mit Spalterkennungssystemen, wie in [113] vorgestellt, zu verwenden.

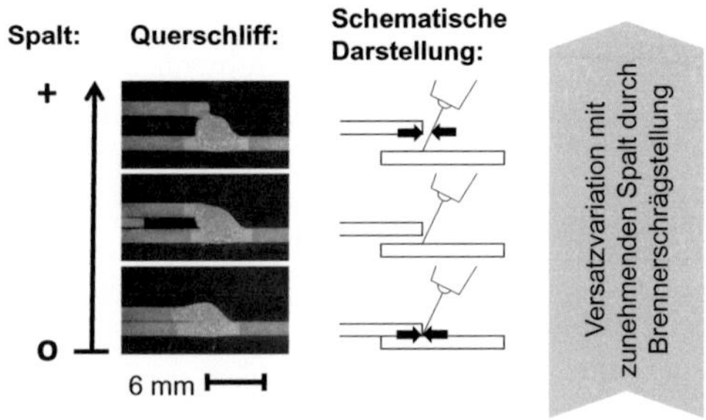

Abbildung 5.26.: Auswirkung der Spaltvariation beim MSG-Schweißen

Vergleicht man das geometrische Prozessfenster des Grundparameters mit der Qualitätsanalyse in Kapitel 3.1.1) zeigt sich, dass, von den abweichungsbedingten Fehlern (die auch im geometrischen Prozessfenster anzutreffen sind) bei der Großen Qualitätsprüfung, die Unregelmäßigkeit „Einbrandtiefe zu klein" verglichen mit den Unregelmäßigkeiten „Bindefehler" und „Keine Verbindung vorhanden" wesentlich häufiger auftritt („Einbrandtiefe zu gering" mit 52% und „Bindefehler" sowie „Keine Verbindung vorhanden" mit zusammen 13%). Die Unregelmäßigkeit „Einbrandtiefe zu gering" tritt dabei ausschließlich hinter der Grenze des zulässigen Bereiches im geometrischen Prozessfenster auf. Es ist denkbar, dass mit einer Vergrößerung der geometrischen Prozessfenster ein Teil dieser Fehler vermieden werden kann.

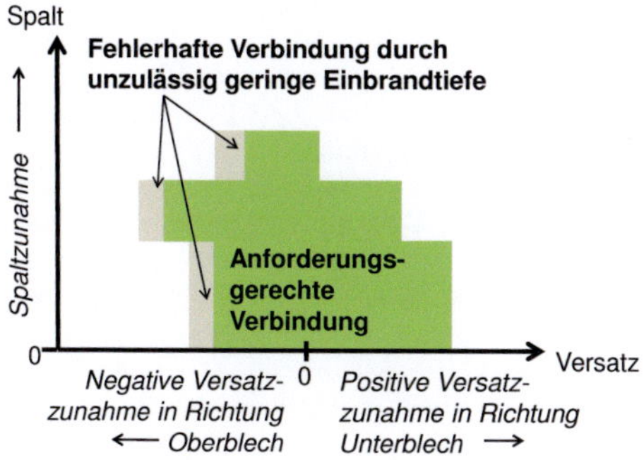

Abbildung 5.27.: Unregelmäßigkeit „Einbrandtiefe zu gering“ im geometrischen Prozessfenster

Laserstrahlschweißen

Ein Nullspalt führt zu fehlerhaften Nähten aufgrund von Schmelzbadauswürfen durch die fehlende Entgasungsmöglichkeit des verdampfenden Zinkes zwischen den Blechen. Mit zunehmendem Spalt kommt es außerhalb des geometrischen Prozessfensters zu fehlerhaften Nähten durch Nahteinfall. Bei einer weiteren Zunahme des Spaltes kommt es zu Nähten, bei den sich die Schmelzen beider Bleche nicht miteinander verbinden und somit keine Verbindung zwischen den Blechen vorhanden ist. (Abbildung 5.28).

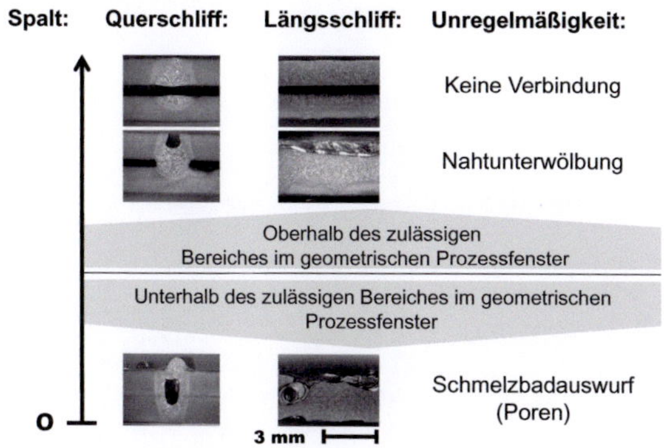

Abbildung 5.28.: Auswirkung der Spaltvariation beim Laserstrahlschweißen

Verglichen mit der Qualitätsanalyse in Kapitel 3.1.2 zeigt sich, dass bei dem Laserstrahlschweißen Unregelmäßigkeiten, die bei kleinen Abweichungen von dem geometrischen Prozessfenster auftreten, am häufigsten vertreten sind. So kam es bei der Kleinen Qualitätsprüfung mit 31% zu „Poren“, die bei Verbindungen knapp unterhalb des zulässigen Bereiches im geometrischen Prozessfenster anzutreffen sind, und mit 25% zu fehlerhaften Verbindungen mit einer unzulässigen „Nahtunterwölbung", die im geometrischen Prozessfenster oberhalb des zulässigen Bereiches anzutreffen sind. Die erst bei größeren Spalten zwischen den Blechen auftretende Unregelmäßigkeit „keine Verbindung vorhanden" ist hingegen nur mit 14% vertreten. Ähnliche Ergebnisse zeigten die Qualitätskontrollen in der Großen Qualitätsprüfung mit den Häufigkeiten 31%, 25% und 16% der Unregelmäßigkeiten „Poren", „Nahtunterwölbung" und „keine Verbindung vorhanden". Trotz verwendeter Maßnahmen den Nullspaltbereich durch Abstandshalter zwischen den Blechen (zum Beispiel durch Prägenoppen in den Blechen) zu vermeiden, kommt es sehr häufig zu fehlerhaften Verbindungen infolge von Poren und Schmelzbadauswürfen. Dies zeigt, dass mit solchen Maßnahmen die Problematik der Zinkentgasung nicht vollständig gelöst ist. Die Vergrößerung des geometrischen Prozessfenster sowohl in den Bereich der Nullspaltverbindung, als auch in den Bereich größerer Spalte würde dazu beitragen den Großteil der auftretenden Verbindungsfehler zu vermeiden.

Widerstandspunktschweißen

Die Wirkung eines Spaltes auf den Schweißbereich und auf die Qualität der einzelnen Verbindung wird anhand der nachfolgenden prinzipiellen Darstellung erläutert.

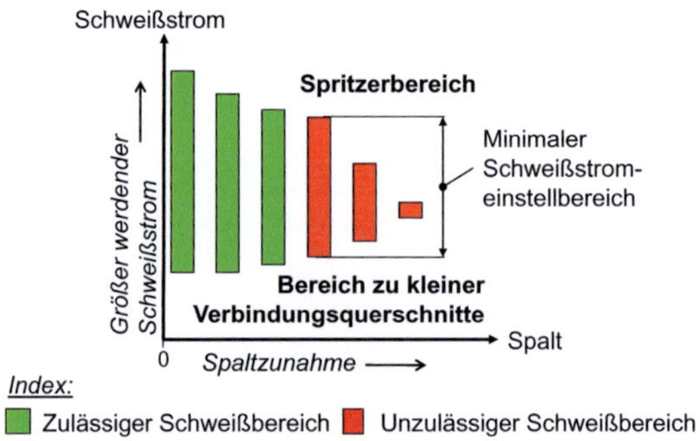

Abbildung 5.29.: Einfluss eines Spaltes auf den Schweißbereich beim Widerstandspunktschweißen

Wie in Abbildung 5.29 verdeutlicht ist beim Widerstandspunktschweißen eine deutliche Wirkung des Spaltes auf die Größe und Lage des Schweißbereiches vorhanden. Mit zunehmendem Spalt zwischen den Blechen wird der Stromeinstellbereich zwischen dem Mindest-Verbindungsquerschnitt und der Spritzergrenze kleiner. Dabei verschiebt sich mit zunehmendem Spalt im Schweißbereichsdiagramm die Spritzergrenze in Richtung kleinerer und der Bereich des erforderlichen Mindest-Verbindungsquerschnittes (d_{Pmin} bzw d_{Lmin}) in Richtung größerer Schweißströme. Aus diesem Grund kommt man beim Schweißen mit einem konstanten Parametersatz aus dem zulässigen Bereich im Schweißbereichsdiagramm heraus und es treten mit zunehmendem Spalt fehlerhafte Verbindungen auf. Die Wirkung eines Spaltes auf die Qualität einer einzelnen Verbindung ist in Abbildung 5.29 verdeutlicht. Spalte zwischen den Blechen führen zu Verbindungen mit einen zu geringen Verbindungsquerschnitt (Abbildung 5.30 rechts) oder

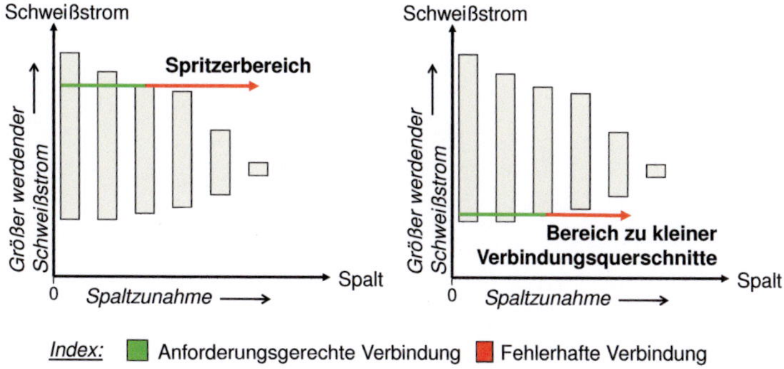

Abbildung 5.30.: Einfluss eines Spaltes auf die Qualität der Widerstandspunktschweißverbindung

zu Spritzern beim Schweißen (Abbildung 5.30 links).

Beim Auftreten von Spritzern während des Schweißens wird Material zwischen den Blechen herausgeschleudert und es entstehen Verbindungen mit einen unzulässig großen Elektrodeneindruck (Abbildung 5.31).

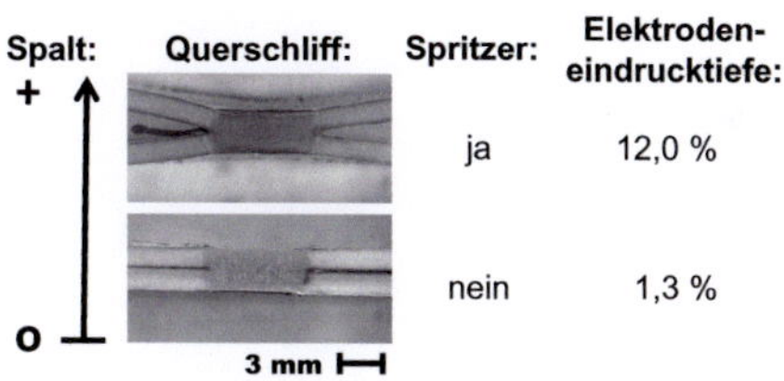

Abbildung 5.31.: Auswirkung eines Spaltes auf die Elektrodeneindrucktiefe beim Schweißen mit konstanten Schweißparametern

Verglichen mit der Qualitätsanalyse aus Kapitel 3.1.3 zeigt sich auch bei diesem Verfahren, dass der größte Teil der auftretenden Unregelmäßigkeiten im direkten Randbereich des geometrischen Prozessfensters liegt. So kam es bei der Kleinen Qualitätsprüfung mit 74% zu der Unregelmäßigkeit „Fügeverbindung hält nicht“, als Folge einer zu kleinen Verbindungsfläche, und mit 19 % zu der Unregelmäßigkeit „Elektrodeneindruck zu tief“, als Folge von Spritzern zwischen den Blechen. Bei der Großen Qualitätsprüfung war neben der am häufigsten vertretenen Unregelmäßigkeit „Position fehlerhaft“ die Unregelmäßigkeit „Punktdurchmesser zu klein“ mit 33% vertreten. Elektrodeneindrucktiefen als Folge von Spritzern wurden hierbei nicht vermessen. Durch Vergrößerung des geometrischen Prozessfensters ließen sich viele dieser fehlerhaften Verbindungen vermeiden.

6. Untersuchung zur Ermittlung der mechanisch-technologischen Eigenschaften einer spaltüberbrückten Verbindung

Gegenstand dieser Untersuchung ist es, den Einfluss eines Spaltes auf die mechanisch-technologischen Eigenschaften einer Verbindung zu ermitteln.

Der Einfluss des Spaltes auf die mechanisch technologischen Eigenschaften wird anhand von MSG-Schweißungen untersucht. Beim MSG-Schweißen ohne Spalt und beim MSG-Schweißen mit Spalt und den jeweils angepassten Parametern bzw. Verfahrensvarianten lassen sich, im Vergleich zu den Verfahren Widerstandspunkt- und Laserstrahlschweißen, optisch ähnliche Nähte erzeugen. Diese Nähte haben dabei zuzüglich des überbrückten Spaltes ein ähnliches Nahtvolumen, nahezu gleiche Nahtquerschnitte sowie nahezu gleich ausgebildete Nahtübergänge zum Grundwerkstoff. Ohne zusätzlicher Betrachtung des Punktdurchmessers, wie beim Widerstandspunktschweißen, oder eines deutlich größeren Nahtvolumens, wie beim Laserstrahlschweißen, lässt sich hier anschaulicher zeigen welchen Einfluss der Spalt auf die mechanisch technologischen Verbindungseigenschaften hat.

Abbildung 6.1 zeigt die Nahtgestaltung der Verbindungen am Nullspalt (Probenbezeichnung: „Nullspalt“) und die Nahtgestaltung beider Varianten zur Spaltüberbrückung (Probenbezeichnung: „2 mm - Variante 1“ und Probenbezeichnung: „2 mm - Variante 2“) am Beispiel der Querschliffe an den HX340LAD Verbindungen. Die Verbindung am Nullspalt entspricht dabei dem Grundparameter aus Kapitel 5.1.2. Bei der einen Variante zur Spaltüberbrückung wurden die Parameter über eine Steigerung der Drahtvorschubgeschwindigkeit angepasst (entspricht dabei dem Parameter der Variante „Erhöhte Drahtvorschubgeschwindigkeit I“ aus Kapitel 5.1.2) und bei der zweiten Variante wurde ein wärmereduziertes Schweißverfahren mit angepasster Schweißgeschwindigkeit und angepasstem Drahtvorschub gewählt (entspricht dabei dem Parameter der Variante „Wärmereduzierte Verfahrensvariante II“ aus Kapitel 5.1.2).

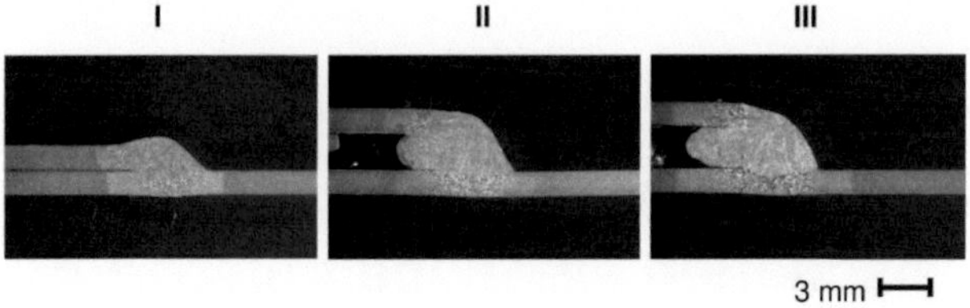

Abbildung 6.1.: Nahtgestaltung der Nullspaltvariante im Vergleich zu den spaltüberbrückten Varianten
I: „Nullspalt“
II: „2 mm - Variante 1“
III: „2 mm - Variante 2“

6.1. Versuchsplanung und Versuchsdurchführung

In diesem Kapitel werden die im Rahmen dieser Untersuchung durchgeführten Versuche beschrieben.

6.1.1. Versuchswerkstoffe

Da ein Trend zu höheren Werkstofffestigkeiten im Karosseriebau gegeben ist und Unregelmäßigkeiten durch Bauteilabweichungen vermehrt in Bereichen hoher Bauteilsteifigkeiten, durch z.B. hohe Werkstofffestigkeiten, auftreten (vgl. Kapitel 2.2.3), werden die Untersuchungen zur Ermittlung der mechanisch-technologischen Eigenschaften am überbrückten Spalt neben dem H340LAD zusätzlich am Werkstoff HCT780X durchgeführt. Der HCT780X ist ein Karosseriebauwerkstoff für Bauteile mit höchsten Festigkeitsanforderungen.

Ebenso wie der HX340LAD besitzt der Werkstoff HCT780X aufgrund seiner Zusammensetzung eine gute Schweißeignung. Für den verwendeten Werkstoff sind in Tabelle 6.1 die Grenzwerte nach DIN EN 10292, bzw. DIN EN 10336, und die in einer eigenen Messung ermittelten Werte in der chemischen Zusammensetzung dargestellt. Tabelle 6.2 zeigt die mechanischen Eigenschaften von diesem Werkstoff. Die verwendeten Werkstoffe für diese Untersuchung haben eine Blechdicke von jeweils t = 1,5 mm und sind elektrolytisch verzinkt.

Tabelle 6.1.: Chemische Zusammensetzung vom Werkstoff HCT780X [67]

Stahlsorte	**Masseanteile in %**						
HCT780X	C	Si	Mn	P	S	Al	Ti
Grenzwerte nach DIN EN 10336	max. 0,18	max. 0,80	max. 2,50	max. 0,080	max. 0,015	≤2,0	max. 0,15
Funkenanalyse (n=3)	0,143	0337	1,434	0,014	<0,002	0,024	0,006

Tabelle 6.2.: Mechanische Eigenschaften vom Werkstoff HCT780X [67]

Stahlsorte		**Eigenschaften**		
Kurzname	Werkstoff-nummer	0,2% Dehngrenze R_{p02} [MPa]	Zugfestigkeit R_m [MPa]	Bruchdehnung A_{80} [%] min.
HCT780X	1.0943	450 bis 560	≥780	≥14

6.1.2. Versuchsplanung zur Ermittlung der mechanisch-technologischen Eigenschaften einer spaltüberbrückten Verbindung

In diesem Kapitel ist die Planung der Versuche zur Ermittlung der mechanisch-technologischen Eigenschaften einer spaltüberbrückten Verbindung beschrieben. Zur Beurteilung dieser werden die nachfolgend erläuterten Untersuchungen durchgeführt.

Zugfestigkeit: Ein Vergleichswert für die Belastbarkeit einer Fügeverbindung kann mit einem quasistatischen Zugversuch im Scherzug ermittelt werden. Bei dieser Untersuchung wird die Zugprobe bis zum Bruch gedehnt und die für einen Bruch erforderliche Zugkraft gemessen. Die ermittelte Zugkraft bezogen auf den Grundwerkstoffquerschnitt ergibt die Zugfestigkeit.

Zugfestigkeit bei unterschiedlichen Belastungswinkeln: Die reale Belastung am Fahrzeug ist keine einfache Scherzugbelastung und die Festigkeitseigenschaften von Fügeverbindungen sind zum Teil richtungsabhängig [109]. Der Zugversuch im Scherzug gibt diese Abhängigkeit nur bedingt wieder. Eine Methode zur Ermittlung der richtungsabhängigen Verbindungsfestigkeit ist in [36] vorgestellt. Hierbei wird die Richtungsabhängigkeit der Verbindungsfestigkeit durch Zugversuche mit unterschiedlichen Belastungswinkeln in einer speziellen Vorrichtung geprüft.

Bei dieser Untersuchung werden, wie in Abbildung 6.2 verdeutlicht, die Versuchsproben unter verschiedenen Belastungswinkeln bis zum Bruch gedehnt und die für den Bruch erforderliche Zugkraft gemessen. Dabei wird die Lastrichtung in 15° Schritten von 0° bis 90° variiert und der Kopfzuganteil der Belastung schrittweise gesteigert. Unter den definierten Belastungswinkeln wird die Zugprobe bis zum Bruch gedehnt und die zum Bruch erforderliche Zugkraft gemessen. Die ermittelte Zugkraft bezogen auf den Grundwerkstoffquerschnitt ergibt die Zugfestigkeit. (Abbildung 6.2)

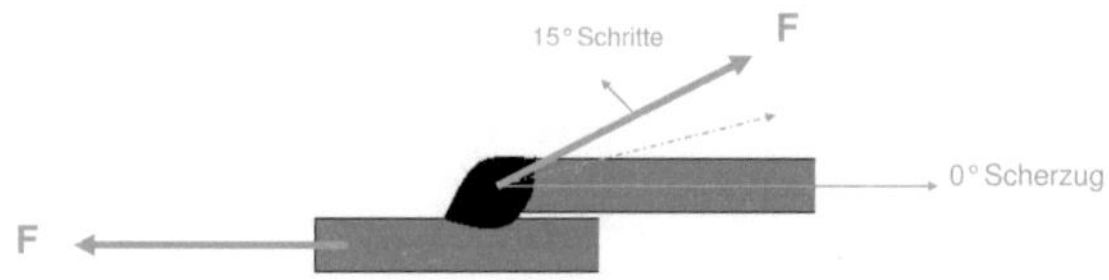

Abbildung 6.2.: Prinzip der Lastrichtungsabhängigkeitsuntersuchung an einer MSG-Verbindung (Stirnkehlnaht am Überlappstoß)

Verbindungsfestigkeit unter schwingender Beanspruchung: Beim regulären Betrieb eines Kraftfahrzeuges wirkt, zum Beispiel durch Fahrbahnunebenheiten, eine schwingende Beanspruchung auf die Fahrzeugkarosserie und somit auch auf die Fügeverbindungen zwischen den Bauteilen.

Die Verbindungsfestigkeit unter schwingender Beanspruchung wird mit einem einstufigen Dauerschwingversuch im Zugschwellbereich ermittelt. Hierbei wird die Probe im Resonanzbereich bei verschiedenen Kräften schwingend bis zum Bruch beansprucht und die Schwingspielzahl gemessen.

Verbindungsfestigkeit unter schlagartiger Beanspruchung: Im Crashfall wirken schlagartig hohe Kräfte auf Teile der Fahrzeugkarosserie. Zum Schutz der Fahrzeuginsassen muss die Karosserie mit ihren gefügten Bauteilen ein hohes Maß an Energie aufnehmen können. Die Festigkeit unter schlagartiger Beanspruchung wird mit einem Pendelschlagwerk unter Raumtemperatur ermittelt. Dabei wird die Probe schlagartig belastet und die für die Zerstörung der Probe notwendige Arbeit sowie die dabei wirkende Kraft ermittelt.

6.1.3. Durchführung der Versuche zur Ermittlung der mechanisch-technologischen Eigenschaften

In diesem Kapitel ist die Durchführung der Versuche zur Ermittlung der mechanisch-technologischen Eigenschaften beschrieben. Die Durchführung der MSG-Schweißung zur Herstellung der Proben ist in Kapitel 5.1.3 beschrieben.

Durchführung der Versuche zur Ermittlung der Zugfestigkeit: Die quasistatische Zugfestigkeit wird nach DIN EN 10002-1 [64] an einer Material-Zugprüfmaschine ermittelt. Der Versatz in der Probe wird über die Spannbacken ausgeglichen. Gemessen wird mit einer 100kN Kraftmessdose bei einer konstanten Prüfgeschwindigkeit von $v_T = 10\ mm/min$. Der Weg wird mittels Feindehnaufnehmer gemessen. Aus dem Kraft-Weg-Diagramm wird die Höchstzugkraft F_m, die Dehnung bei Höchstkraft A_{gt} und die Bruchdehnung A_t ermittelt. Aus einem verschweißten Versuchsblech werden Proben mit einer Breite von je $b = 45$ mm herausgetrennt (ohne Nahtanfang und Nahtende). Aus jeweils 6 Proben werden der Mittelwert und die Standardabweichung der Bruchkraft bestimmt und die auf den Querschnitt des Grundwerkstoffes bezogene Festigkeit ermittelt. Die Probenform (Abbildung 6.3) richtet sich nach der DIN EN ISO 14273, einer Norm zu Probenmaßen und zur Durchführung von Scherzugprüfung an u.a. Widerstandspunktschweißverbindungen [71]. Aufgrund der Praxisrelevanz und der Vergleichbarkeit hat sich diese für das

Widerstandspunktschweißen typische Probenform auch für andere Fügeverfahren im Karosseriebau durchgesetzt. Die freie Überlapplänge der MSG-Proben beträgt $l_ü = 8\ mm$ und die freie Einspannlänge in der Prüfmaschine $l_f = 100\ mm$.

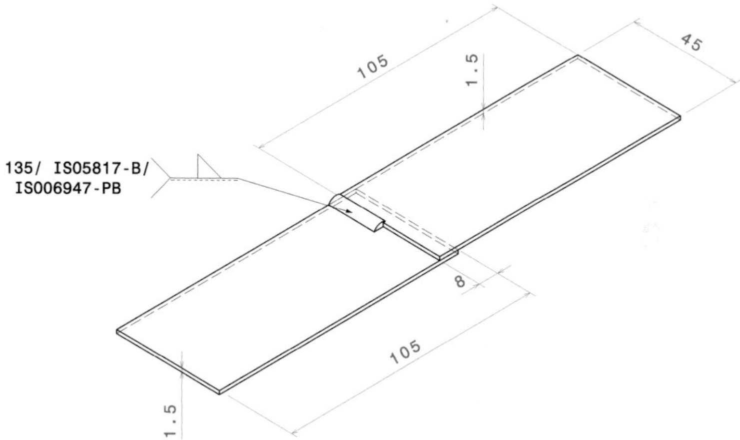

Abbildung 6.3.: Probengeometrie für die Zugprüfung

Durchführung der Versuche zur Ermittlung der Festigkeit mit unterschiedlichem Belastungswinkel:

Die Prüfung der Festigkeit in Abhängigkeit vom Belastungswinkel wird mit einer eigens dafür entwickelten Vorrichtung anhand einer Blech-Profil-Verbindung durchgeführt [36].(Abbildung 6.4) Für das reale Verformungs- und Belastungsverhalten ist es damit möglich, zwischen Blech und Profil eine Scher-Schälzugprüfung mit definiertem Winkel durchzuführen. Das Profil ist drehbar gelagert, die zu untersuchende Fügestelle befindet sich dabei im Mittelpunkt der Drehung. Durch die Drehbewegung von 0° bis zu 90° verändert sich die Belastung von einer reinen Scherzug- zu einer Schälzugbelastung. Der maximale Drehwinkel ist auf einen beliebigen Winkel zwischen 0° und 90° begrenzbar. Die Vorrichtung kann in eine Standard-Zugprüfmaschine eingespannt werden. Zur Anwendung kommt, wie bei dem quasistatischen Zugversuch, eine Material-Zugprüfmaschine. Die Proben werden in die Vorrichtung gespannt und unter verschiedenen Drehwinkeln bis zum Bruch belastet. Der Drehwinkel wird dabei in 15°-Schritten von 0° auf 90° gesteigert. Die Prüfgeschwindigkeit beträgt $v_T = 10\ mm/min$ und der Weg wird über das integrierte Wegmesssystem aufgezeichnet.

Aus einem Blech-Profil-Versuchsbauteil werden 21 Proben mit einer Breite von je $b = 45$ mm herausgetrennt (ohne Nahtanfang und Nahtende). Für jeden Prüfwinkel werden aus drei Proben der Mittelwert und die Standardabweichung der Bruchkraft bestimmt und die auf den Querschnitt des Grundwerkstoffes bezogene Festigkeit ermittelt. Die Probengeometrie für die Untersuchung der Belastungsrichtungsabhängigkeit ist in Abbildung 6.5 dargestellt.

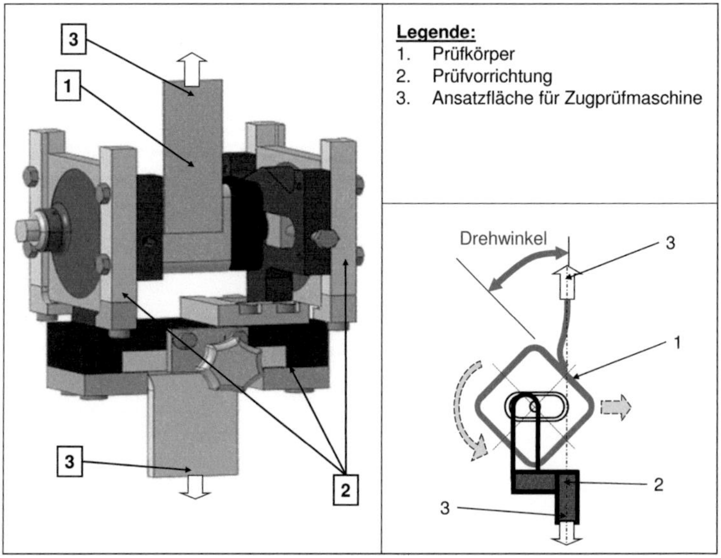

Abbildung 6.4.: Versuchsaufbau zum Prüfen der Lastrichtungsabhängigkeit [36]

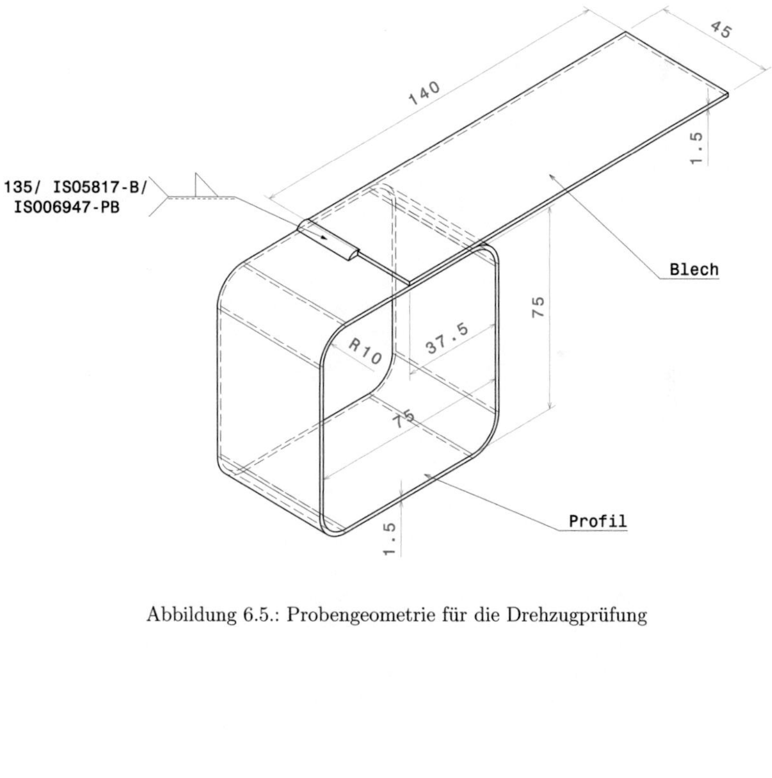

Abbildung 6.5.: Probengeometrie für die Drehzugprüfung

Durchführung der Versuche zur Ermittlung der Festigkeit unter schwingender Beanspruchung: Die Untersuchung zur Ermittlung der Zeitfestigkeit werden an einer Hochfrequenz-Resonanzprüfmaschine mit einer 20kN Kraftmessdose und in Anlehnung an die FAT-Richtlinie [127] durchgeführt. Geprüft wird im Zugschwellbereich bei einem Lastverhältnis von $R = \sigma_U/\sigma_O = 0{,}1$. Während des Versuchs wird die Probenfedersteifigkeit gemessen und die Schwingspielzahl bis zum Abbruchkriterium ermittelt. Das Abbruchkriterium ist ein Probenbruch (Steifigkeitsabfall auf 40% der Anfangssteifigkeit) oder ein Erreichen der Schwingspielzahl von $N = 2 * 10^6$. Die Auswertung erfolgt an mindestens 7 Proben je Versuchsreihe nach dem Perlschnurverfahren. Ermittelt werden die Steigung k der Wöhlerlinie und der Korrelationskoeffizient (R_k) nach Pearson. Für den zyklischen Dauerschwingversuch wird die gleiche Probengeometrie aus der Prüfung zur Ermittlung der Zugfestigkeit übernommen. (Abbildung 6.3) Die Einspannlänge in der Prüfmaschine beträgt $l_f = 100$ mm.

Durchführung der Versuche zur Ermittlung der Festigkeit unter schlagartiger Beanspruchung: Die Untersuchungen zur Ermittlung der Festigkeit unter schlagartiger Beanspruchung werden an einer Pendelschlagzuganlage durchgeführt. Aus einem verschweißten Versuchsblech werden Proben mit einer Breite von je $b = 45$ mm herausgetrennt (ohne Nahtanfang und Nahtende). Anschließend werden die Einzelproben durch Fräsen und Schleifen zu taillierten Proben umgearbeitet. (vgl. Abbildung 6.6) Aus 5 Proben werden der Mittelwert und die Standardabweichung der Schlagarbeit sowie der maximalen Schlagkraft bestimmt. Die freie Einspannlänge beträgt $l_f = 100\ mm$.

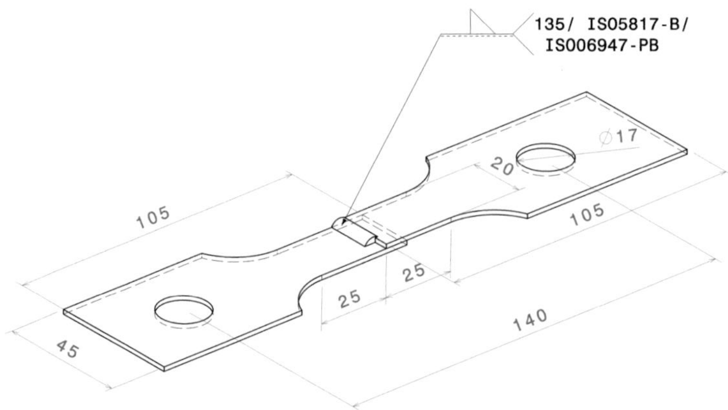

Abbildung 6.6.: Probengeometrie für die Schlagzugprüfung

6.2. Ergebnis der Untersuchung

In Kapitel 5 wurden mit Hilfe des geometrischen Prozessfenster Möglichkeiten dargestellt mit den Hauptfügeverfahren im Karosseriebau anforderungsgerechte Verbindungen trotz geometrischer

Abweichungen im Bereich der Fügeverbindung zu erzeugen. Mit dieser Möglichkeit Bauteilabweichungen bewusst zuzulassen ergibt sich die Fragestellung nach veränderten Verbindungseigenschaften am überbrückten Spalt. Aus diesem Grund widmet sich dieser Teil der Untersuchung mit der Wirkung eines überbrückten Spaltes auf die mechanisch-technologischen Eigenschaften einer Verbindung.

6.2.1. Zugfestigkeit

Abbildung 6.7 zeigt die gemittelte Zugfestigkeit am HX340LAD unter quasistatischer Beanspruchung einer Nullspaltverbindung und von zwei Varianten mit einem überbrückten Spalt von jeweils 2 mm am Beispiel des MSG-Schweißens. Abbildung 6.8 zeigt die gleiche Prüfung für den Werkstoff HCT780X. In Tabelle 6.3 sind die dazugehörigen typischen Bruchorte dargestellt. Für beide untersuchte Werkstoffe zeigt die Nullspaltverbindung im Vergleich zu den beiden Varianten mit einem überbrückten Spalt keinen signifikanten Unterschied in der Zugfestigkeit. Der Bruchort befindet sich bei allen Varianten am Werkstoff HX340LAD im Grundwerkstoffbereich und bei den Versuchen am Werkstoff HCT780X im Bereich der geometrischen Kerbe am Nahtrand.

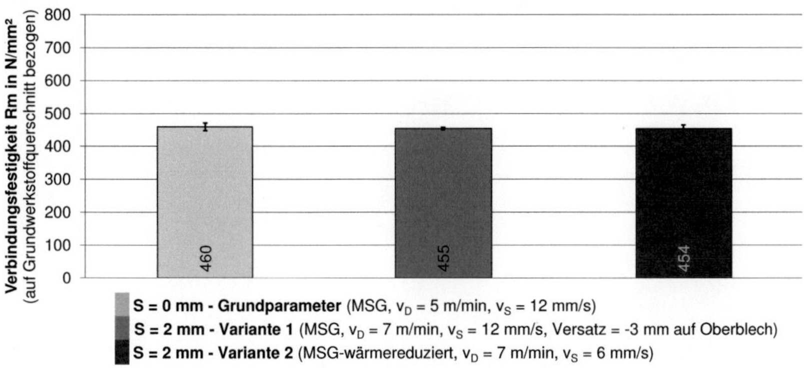

Abbildung 6.7.: Gemittelte Zugfestigkeit bei dem MSG-Schweißen mit und ohne Spalt am HX340LAD mit entsprechenden Standardabweichungen

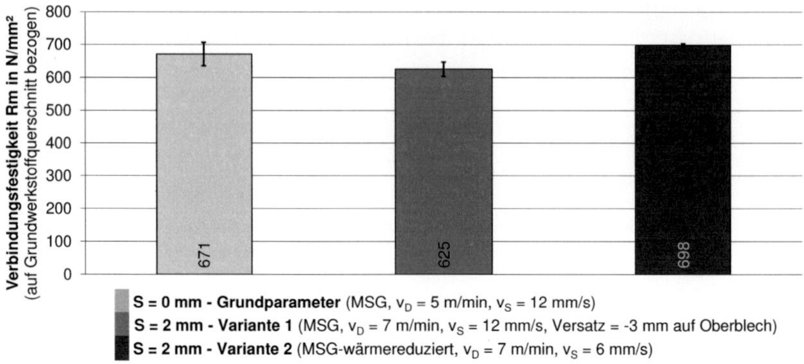

Abbildung 6.8.: Gemittelte Zugfestigkeit bei dem MSG-Schweißen mit und ohne Spalt am HCT780X mit entsprechenden Standardabweichungen

Tabelle 6.3.: Bruchorte bei Ermittlung der Zugfestigkeit

Versuch/ Werkstoff	Nullspalt	2 mm - Variante 1	2 mm - Variante 2
HX340LAD	WS	WS	WS
HCT780X	SN	SN	SN

Index:
WS: Werkstofftrennung im Blech
SN: Abriss des Bleches im Nahtbereich

6.2.2. Zugfestigkeit mit unterschiedlichen Belastungswinkeln

In Abbildung 6.9 sind ein beispielhafter Kraft-Weg-Verlauf während der Prüfung einer Probe bei einem 30° Belastungswinkel und die aufgetretenen Bruchorte aller Prüfungen dargestellt. Der Kraftanstieg beginnt erst nach einem längeren Weg. In diesem Bereich stellt sich der Prüfwinkel ein. Danach wird die Probe bis zu dem Bruch belastet. Bei größeren Drehwinkeln kommt es während der Prüfung mit zunehmender Belastung der Probe zu einer dachförmigen Deformation am Profil (siehe auch Abbildung 6.9 rechts). Aus diesem Grund war bei dem Bruch der Probe der tatsächlich wirkende Belastungswinkel im Bereich der Verbindungsstelle kleiner als der eingestellte Drehwinkel an der Vorrichtung.

Abbildung 6.10 zeigt am Beispiel des MSG-Schweißens die Verbindungsfestigkeit am HX340LAD für unterschiedliche Belastungswinkel einer Nullspaltverbindung und von zwei Varianten mit einem überbrückten Spalt von 2 mm. Bei der Untersuchung an diesem Werkstoff haben, unab-

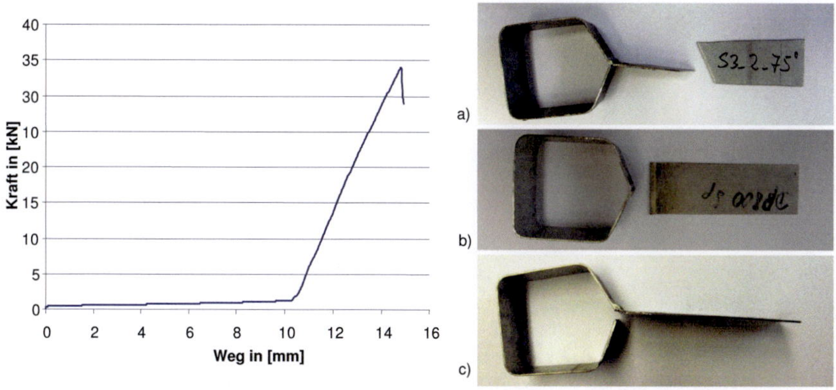

Abbildung 6.9.: Ablauf Dreh-Zug-Versuch und aufgetretene Bruchbilder
a) WSB: Werkstofftrennung im Stegblech
b) SNB: Abriss des Stegbleches im Nahtbereich
c) SNP: Aufreißen des Profils im Nahtbereich

hängig von dem Belastungswinkel, alle Varianten in etwa die gleiche Verbindungsfestigkeit. Bei kleinen Belastungswinkeln tritt bei allen Varianten der Bruch im Grundwerkstoff (WSB) auf. Mit zunehmendem Kopfzuganteil verschiebt sich der Bruchort an die Naht, sowohl auf der Seite des Profils (SNP) als auch auf der Seite des Bleches (SNB) (vgl. Tabelle 6.4).

Abbildung 6.11 zeigt am Beispiel des MSG-Schweißens die Verbindungsfestigkeit am HCT780X für unterschiedliche Belastungswinkel einer Nullspaltverbindung und von zwei Varianten mit einem überbrückten Spalt von 2 mm. Mit zunehmendem Belastungswinkel nimmt die Verbindungsfestigkeit gleichmäßig ab. Dies ist auf die, im Vergleich zum HX340LAD, geringere Duktilität des Grundwerkstoffes zurückzuführen. Bei einem Drehwinkel von 60° ist ungefähr die halbe Verbindungsfestigkeit zu dem reinen Scherzug vorhanden. Die Streuung der Festigkeiten nimmt mit zunehmendem Belastungswinkel zu. Die Nullspaltvariante zeigt im Vergleich zu den beiden Varianten mit einem überbrückten Spalt bei gleichem Belastungswinkel keinen signifikanten Unterschied in der Verbindungsfestigkeit. Die Bruchorte sind bei allen Varianten und Drehwinkeln an der geometrischen Kerbe der Naht auf der Seite des Profils (SNP) und auf der Seite des Bleches (SNB) zu finden (vgl. Tabelle 6.5).

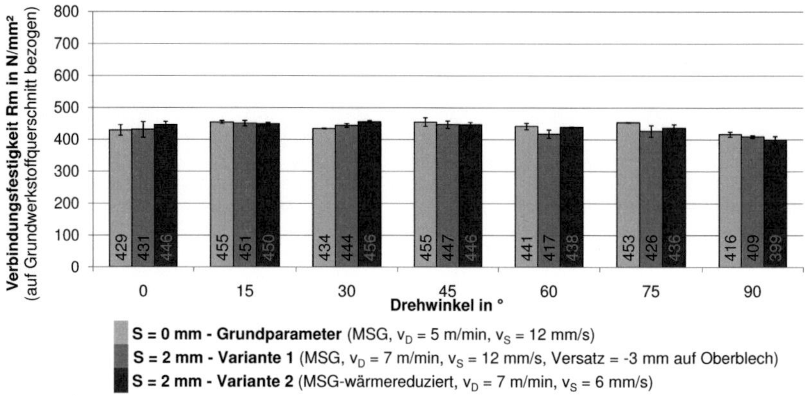

Abbildung 6.10.: Gemittelte Zugfestigkeit in Abhängigkeit von dem Belastungswinkel beim MSG-Schweißen mit und ohne Spalt am HX340LAD mit entsprechenden Standardabweichungen

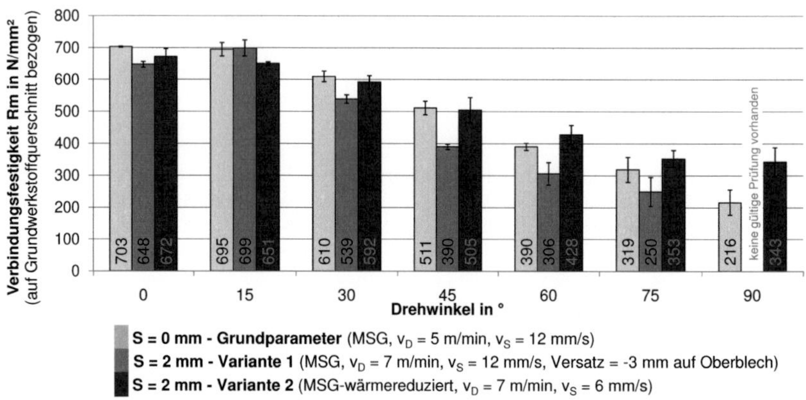

Abbildung 6.11.: Gemittelte Zugfestigkeit in Abhängigkeit von dem Belastungswinkel beim MSG-Schweißen mit und ohne Spalt am HCT780X mit entsprechenden Standardabweichungen

Tabelle 6.4.: Bruchorte bei unterschiedlichen Belastungswinkeln am HX340LAD

Versuch:	**Drehwinkel der Vorrichtung in °**						
	0	15	30	45	60	75	90
0 mm - Grundparameter	WSB	WSB	WSB	WSB	WSB	WSB/ SNB	SNB/ SNP
2 mm - Variante 1	WSB	WSB	WSB	WSB	SNB	SNB	SNB/ SNP
2 mm - Variante 2	WSB	WSB	WSB	WSB	SNB	SNB	SNB

Tabelle 6.5.: Bruchorte bei unterschiedlichen Belastungswinkeln am HCT780X

Versuch:	**Drehwinkel der Vorrichtung in °**						
	0	15	30	45	60	75	90
0 mm - Grundparameter	SNB	SNB	SNB	SNB	SNB/ SNP	SNB	SNB
2 mm - Variante 1	SNB	SNB	SNB/ SNP	SNB	SNB	SNB	
2 mm - Variante 2	SNB/ SNP	SNP	SNB/ SNP	SNB	SNB	SNB/ SNP	SNP

Index:
WSB: Werkstofftrennung im Stegblech
SNB: Abriss des Stegbleches im Nahtbereich
SNP: Aufreißen des Profils im Nahtbereich

6.2.3. Verbindungsfestigkeit unter schwingender Beanspruchung

Das Versagen der Proben unter schwingender Beanspruchung war durch einen schnellen Abfall der Steifigkeit charakterisiert. Zwischen Anriss und Komplettversagen der Probe fanden nur wenige Lastwechsel statt. Abbildung 6.12 zeigt den Steifigkeitsverlauf einer beispielhaften Prüfung.

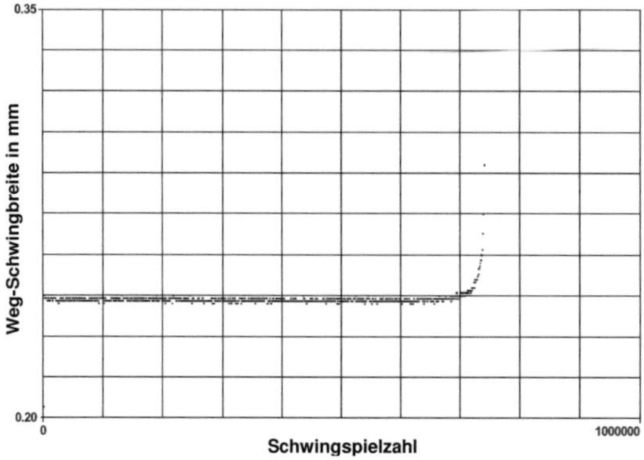

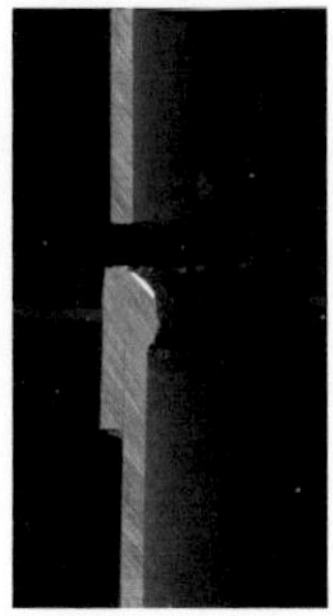

Abbildung 6.12.: Steifigkeitsverlauf (links) und Bruchbild (rechts) bei der Schwingprüfung

Abbildung 6.13 zeigt am Beispiel des MSG-Schweißens die Verbindungsfestigkeit unter Schwingender Beanspruchung am HX340LAD von einer Nullspaltverbindung und von zwei Varianten mit einem überbrückten Spalt von jeweils 2 mm. Abbildung 6.14 zeigt die gleiche Prüfung für den Werkstoff HCT780X. In diesen Abbildungen ist der Einfluss eines Spaltes zwischen den Blechen auf die Zeitfestigkeit dargestellt. Es kam bei den spaltüberbrückten Proben unabhängig vom Werkstoff zu einem deutlichen Abfall in der Zeitfestigkeit. Zwischen den zwei unterschiedlichen Varianten zur Spaltüberbrückung war kein signifikanter Unterschied festzustellen. Der Bruch verlief vom Übergang der Naht zum Grundwerkstoff senkrecht in Blechdickenrichtung. Ein typisches Bruchbild ist für beide Werkstoffe am Beispiel der Nullspaltverbindung in Abbildung 6.12 rechts dargestellt.

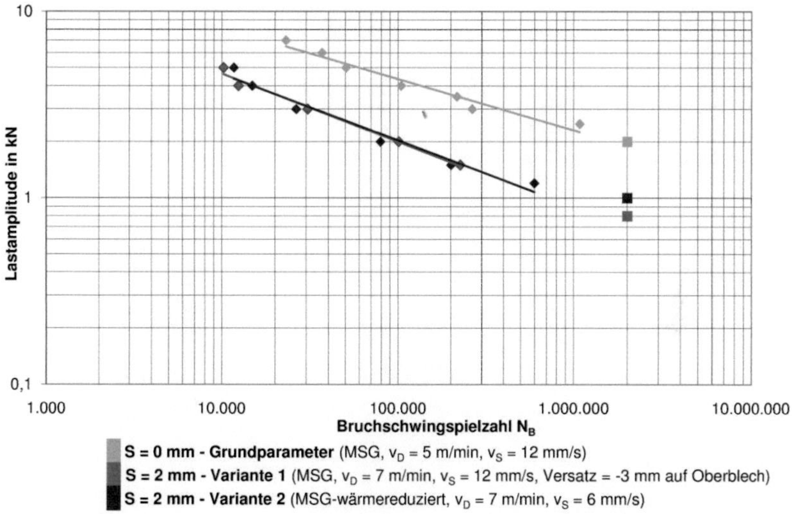

Abbildung 6.13.: Zeitfestigkeit beim MSG-Schweißen mit und ohne Spalt am HX340LAD

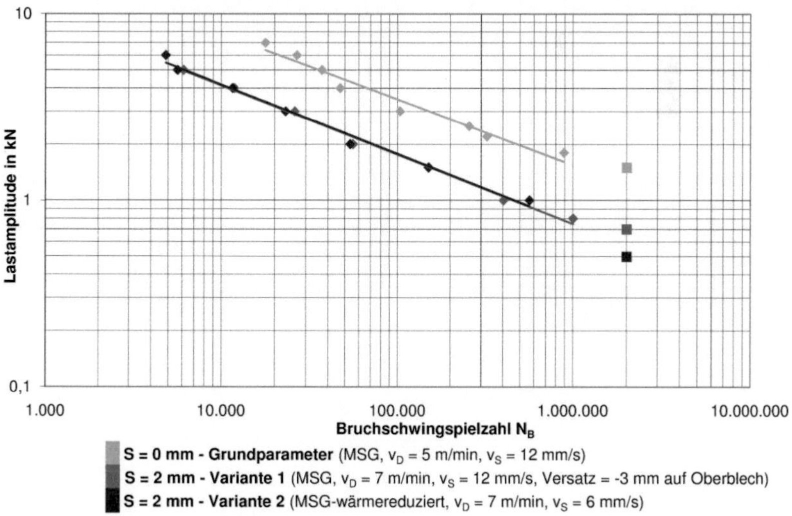

Abbildung 6.14.: Zeitfestigkeit beim MSG-Schweißen mit und ohne Spalt am HCT780X

6.2.4. Verbindungsfestigkeit unter schlagartiger Beanspruchung

In Abbildung 6.15 sind am Beispiel des MSG-Schweißens die Schlagarbeit und schraffiert die Schlagkraft bei Raumtemperatur für eine Nullspaltverbindung und für zwei Varianten einer spaltüberbrückten Verbindung am Werkstoffe HX340LAD dargestellt. Im Vergleich zu der Variante „0 mm - Grundparameter" zeigt Variante 1 der spaltüberbrückten Verbindung eine um ca. 6% geringere gemittelte Schlagarbeit. Variante 2 hingegen zeigt eine um ca. 18% höhere gemittelte Schlagarbeit.

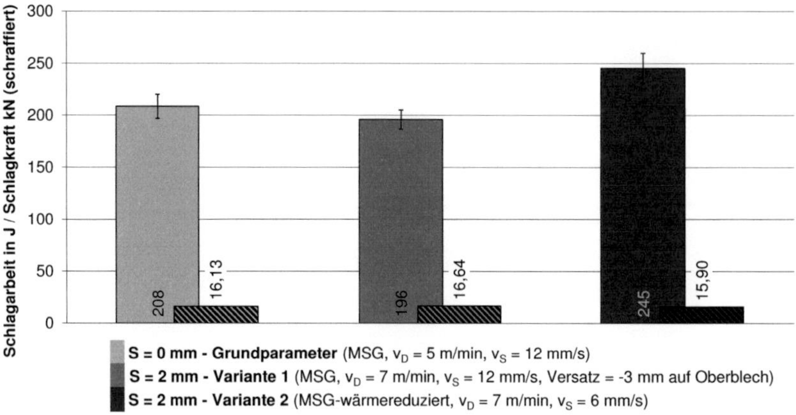

Abbildung 6.15.: Schlagarbeit und Schlagkraft (schraffiert) beim MSG-Schweißen mit und ohne Spalt am HX340LAD

In Abbildung 6.16 ist die gleiche Prüfung am Werkstoff HCT780X abgebildet. Im Vergleich zu der Variante „0 mm - Grundparameter" zeigt bei diesem Werkstoff die Variante 1 der spaltüberbrückten Verbindung eine um ca. 30% geringere gemittelte Schlagarbeit. Variante 2 hingegen zeigt eine um ca. 51% höhere gemittelte Schlagarbeit.

Abbildung 6.17 veranschaulicht die aufgetretenen Bruchorte bei der Schlagzugprüfung.

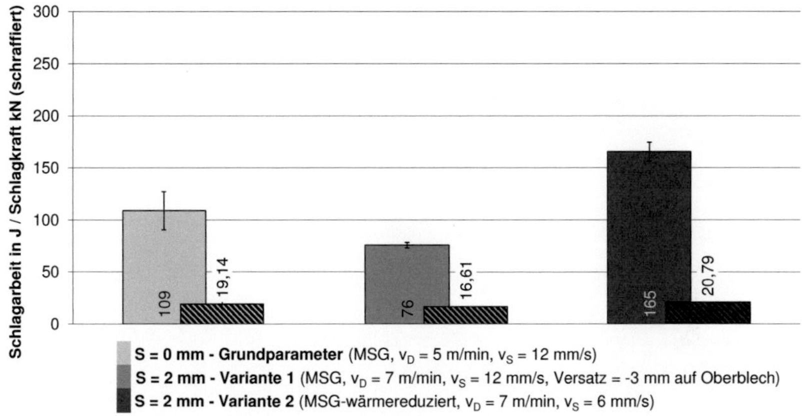

Abbildung 6.16.: Schlagarbeit und Schlagkraft (schraffiert) beim MSG-Schweißen mit und ohne Spalt am HCT780X

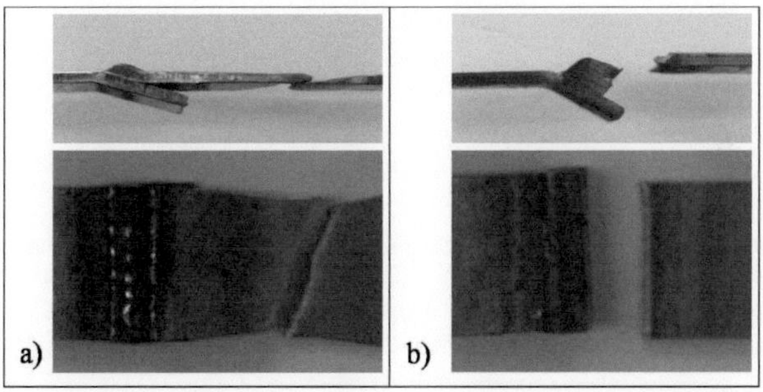

a) WS: Werkstofftrennung im Blech
b) SN: Abriss des Bleches im Nahtbereich

Versuch, Werkstoff	**0 mm - Grundparameter**	**2 mm - Variante 1**	**2 mm - Variante 2**
HX340LAD	WS	SN	WS
HCT780X	SN	SN	SN

Abbildung 6.17.: Aufgetretene Bruchorte bei der Schlagzugprüfung

6.3. Diskussion der Ergebnisse

Die Wirkung eines Spaltes auf die mechanisch-technologischen Eigenschaften einer Nullspaltverbindung im Vergleich zu spaltüberbrückten Verbindungen sind in Tabelle 6.6 dargestellt und werden nachfolgend erläutert.

Tabelle 6.6.: Einfluss des Spaltes auf mechanisch-technologischen Eigenschaften einer Verbindung - Übersicht

Mechanisch-technologische Eigenschaft:	Einfluss ermittelbar?	Bemerkung:
Zugfestigkeit (Scherzug)	Kein Einfluss ermittelbar	
Zugfestigkeit bei unterschiedlichen Belastungswinkeln	Kein Einfluss ermittelbar	
Verbindungsfestigkeit unter schwingender Beanspruchung	Einfluss ermittelbar	Reduzierung der Verbindungsfestigkeit unter schwingender Beanspruchung durch einen Spalt
Verbindungsfestigkeit unter Schlagartiger Beanspruchung	Kein Einfluss ermittelbar	

Zugfestigkeit: Bei der Zugfestigkeit war für beide Werkstoffe kein Unterschied zwischen den Nullspaltproben und den Proben mit einem überbrückten Spalt erkennbar. Die aufgetretenen Differenzen bei unterschiedlichen Spaltmaßen liegen im Streubereich der Einzelmessung bei einem konstanten Spalt.

Zugfestigkeit mit unterschiedlichen Belastungswinkeln: Es war kein Einfluss des Spaltes bei der Zugfestigkeit mit unterschiedlichen Belastungswinkeln feststellbar.

Verbindungsfestigkeit unter schwingender Beanspruchung: Unabhängig von dem verwendeten Werkstoff kam es an dem überbrückten Spalt zu einem deutlichen Abfall in der Verbindungsfestigkeit unter schwingender Beanspruchung. Dabei war kein signifikanter Unterschied zwischen den beiden Varianten zur Spaltüberbrückung feststellbar. Die geringere Zeitfestigkeit an dem überbrückten Spalt ist mit dem ungünstigeren Spannungsverlauf im Bereich der Fügeverbindung zu erklären. Durch den Spalt vergrößert sich der Biegespannungsanteil der auf die Verbindung wirkt.

Verbindungsfestigkeit unter schlagartiger Beanspruchung: Die Verbindungsfestigkeit unter schlagartiger Beanspruchung wird maßgeblich durch die Schlagarbeit charakterisiert. Der Spalt zeigt keine dominierende Wirkung auf die Schlagarbeit. Im Vergleich zu der Nullspaltprobe kam es bei den spaltüberbrückten Proben sowohl zu höheren als auch zu geringeren Schlagarbeiten. Bei dieser Art der Beanspruchung haben zum Beispiel Kerben am Nahtrand, durch geringfügig unterschiedliche Nahtgeometrien, und die Gefügeumwandlung im Bereich der Wärmeeinflusszone, durch die eingebrachte Wärme beim Schweißen, einen größeren Einfluss auf die Verbindungsfestigkeit.

7. Empfehlungen zur Erhöhung der Prozesssicherheit beim Fügen im Karosseriebau

In diesem Kapitel werden Ableitungen aus dieser Arbeit zusammengefasst und Hinweise für die Konstruktion und Planung über das Fügen von Karosseriebauteilen gegeben.

Die Ursachen für die häufigsten Fehler bei den Hauptfügeverfahren im Karosseriebau sind auf Bauteilabweichungen im Bereich der Fügeverbindung zurückzuführen. Diese fehlerhaften Fügeverbindungen verteilen sich dabei nicht gleichmäßig auf die Karosserie, sondern konzentrieren sich an besonders fehleranfällige Fügeaufgaben. Diese fehleranfälligen Fügeaufgaben befinden sich an Karosseriebauteilen in:

- Bauteilbereichen mit großen geometrischen Abweichungen in Verbindung mit
- steifen Bereichen der Karosserie.

Bauteilbereiche mit großen Abweichungen treten zum Beispiel im fortgeschrittenen Zusammenbau oder bei der Verwendung von kaltumgeformten hochfesten Bauteilen auf. Zu Bereichen hoher Steifigkeit kommt es zum Beispiel durch hochfeste Werkstoffe, große Blechdicken oder konstruktive Versteifungen. Steife Bereiche der Karosserie führen dazu, dass trotz der verwendeten Spanntechnik die Bauteile nicht ausreichend positioniert werden. Somit kann die Fügeposition von ihrer Sollposition abweichen oder Spalte zwischen den Bauteilen bestehen bleiben. Durch die Abweichungen im Bereich der Fügestelle, die auch nach dem Positionieren und Spannen der Bauteile vorhanden sind, kommt es zu fehlerhaften Fügeverbindungen.

Eine Erhöhung der Prozesssicherheit beim Fügen im Karosseriebau ist durch robuste Fügetechnik möglich. Da diese Verfahren jedoch mit Nachteilen wie zum Beispiel langsamer Prozesse, höheren Wärmeeintrag oder zum Beispiel kostenintensivere Verfahrensvarianten verbunden sein können ist ein genereller Einsatz nicht sinnvoll. Für die Planung und Konstruktion gelten daher die folgenden Hinweise und Empfehlungen:

- Durch ein gezieltes Einsetzen robuster Fügeparameter oder robuster Alternativfügeverfahren an den fehlerträchtigen Bereichen der Karosserie ist es möglich, die Anzahl der fehlerhaften Fügeverbindungen an der gesamten Karosserie deutlich zu reduzieren.
- Ein robuster Fügeprozess ist dabei definiert als ein Prozess der, im Vergleich zu einem weniger robusten Fügeprozess, es ermöglicht in einem größeren Bereich von äußeren Störungseinflüssen, wie zum Beispiel geometrischen Schwankungen der Bauteile, eine fehlerfreie Verbindung zu erzeugen.

Einfache Parametervariationen oder die Wahl alternativer Verfahrensvarianten können wie in Kapitel 5 gezeigt zu einer deutlichen Vergrößerung der Robustheit beitragen. Um aus Sicht der Planung neben den wirtschaftlichen oder mechanisch-technologischen Aspekten ein robustes

Fügeverfahren zu wählen ist es notwendig die Größe der Robustheit zu kennen.

- Mit der Methode des geometrischen Prozessfensters kann die Robustheit der Fügetechnik gegenüber Bauteilabweichungen, zum Beispiel gegenüber geometrischen Schwankungen im Bereich der Fügestelle, dargestellt werden.
- Anhand verschiedener geometrischer Prozessfenster von unterschiedlichen Parametern oder Verfahrensvarianten kann die Robustheit gegenüber geometrischen Schwankungen im Bereich der Fügestelle verglichen werden.

Bei der Verwendung von robuster Fügetechnik die es ermöglicht Spalte zu überbrücken ist für die Konstruktion das folgende zu beachten: Das Überbrücken von Spalten führt bei den hauptsächlich im Karosseriebau verwendeten Überlappverbindungen

- zu keiner Verringerung der Zugfestigkeit, der Zugfestigkeit unter unterschiedlichen Belastungswinkeln und der Verbindungsfestigkeit unter schlagartiger Beanspruchung.
- zu einer Verringerung der Festigkeit unter schwingender Beanspruchung.

8. Zusammenfassung und Ausblick

Die Zielstellung dieser Arbeit bestand in der Erhöhung der Prozesssicherheit durch Beherrschung der Bauteilabweichung beim Fügen im Karosseriebau.

Dazu wurde in Kapitel 3 untersucht, welche Fehler bei den Hauptfügeverfahren im Karosseriebau MSG-, Laserstrahl- und Widerstandspunktschweißen auftreten, wie es zu diesen Fehlern kommt und wie groß der Einfluss von Bauteilabweichungen auf die Qualität der Schweißverbindungen ist. Es konnten Bereiche an Fahrzeugkarosserien identifiziert werden, an denen es besonders gehäuft zu Fehlern durch Bauteilabweichungen kommt. Diese Bereiche zeichnen sich durch steife Bereiche der Karosserie, verursacht durch beispielsweise hochfeste Werkstoffe, große Blechdicken und durch konstruktiv versteifte Baugruppen aus. Die Annahme, dass es sich bei Bauteilabweichungen um eine der häufigsten Fehlerursachen im Karosseriebauhandelt handelt und diese somit hohe Kosten durch Ausschuss oder zusätzliche Nacharbeit erzeugen, konnte bestätigt werden.

Die Erhöhung der Prozesssicherheit im Umgang mit Bauteilabweichungen wurde im Rahmen dieser Arbeit durch die Möglichkeit realisiert diese Bauteilabweichungen durch robuste Fügetechnik zu kompensieren.

Zur Steigerung der Robustheit eines Fügeverfahrens bietet die Literatur vielfältige Ansätze, zum Beispiel die Wahl robuster Parameter oder robusterer Verfahrensvarianten. Um die Verfahrensvarianten und Parameter gegenüber den wirtschaftlichen Parametern vergleichen zu können und somit einen Einsatz zu ermöglichen, wurde in Kapitel 4 eine Methode entwickelt, um diese Robustheit darzustellen. Durch die Darstellung der Robustheit ist es möglich, Verfahrensgrenzen zu definieren. Damit kann gezeigt werden bis zu welcher Änderung eines geometrischen Merkmales, zum Beispiel eines Spaltes zwischen den Blechen, ein Fügeprozess stabil läuft. Weiterhin ist es mit dieser Form der Darstellung möglich die Robustheit verschiedener Verfahrensvarianten, anderer Parameterbereiche oder von Alternativfügeverfahren zu vergleichen. Diese Methode eignet sich ebenso, um im Zuge einer Verfahrensneuentwicklung die Wirksamkeit der Robustheit im Vergleich zu bestehenden Verfahren darstellen zu können.

Bei der Anwendung dieser Methode konnte in Kapitel 5 für die Verfahren MSG-, Laserstrahl- und Widerstandspunktschweißen gezeigt werden, dass die Robustheit dieser Verfahren gegenüber geometrischen Schwankungen im Bereich der Fügestelle dargestellt werden kann. Anhand verschiedener geometrischer Prozessfenster von unterschiedlichen Parametern oder Verfahrensvarianten kann die Robustheit der Parameter oder Verfahrensvarianten verglichen werden. Eine Erweiterung der geometrischen Prozessfenster und somit der Prozesssicherheit gegenüber geometrischen Schwankungen ist bei den Verfahren MSG-, Laserstrahl- und Widerstandspunktschweißen mit einfachen Parametervariationen möglich. Die Methode des geometrischen Prozessfensters ist auf andere Werkstoffe, andere Blechdickenbereiche oder weitere Verfahren übertragbar.

Durch die Möglichkeit mit robusten Fügeverfahren Spalte zu überbrücken, wurden Fragen nach veränderten Verbindungseigenschaften aufgerufen. Aus diesem Grund wurden in Kapitel 6 am Beispiel des MSG-Schweißens die mechanisch-technologischen Verbindungseigenschaften einer spaltüberbrückten Verbindung ermittelt und mit denen einer Nullspaltverbindung verglichen. Bei den untersuchten mechanisch-technologischen Verbindungseigenschaften handelte es sich um die Zugfestigkeit, die Zugfestigkeit mit unterschiedlichen Belastungswinkeln, die Verbindungsfestigkeit unter schwingender Beanspruchung und die Verbindungsfestigkeit unter schlagartiger Beanspruchung. Ein Einfluss des Spaltes konnte nur für die Verbindungsfestigkeit unter schwingender Beanspruchung ermittelt werden. Hier kam es zu einem signifikanten Abfall in der Zeitfestigkeit. Aus Sicht der Konstruktion ist dies zu berücksichtigen.

Toleranzmanagementsysteme, wie in [6, 112] vorgestellt, ermöglichen es gezielt unterschiedliche Toleranzen über mehrere Bauteile zu verteilen und unter wirtschaftlichen Gesichtspunkten festzulegen. Die Verknüpfung eines Toleranzmanagementsystemes mit der Möglichkeit zur Spaltüberbrückung von vereinzelten robusten Fügetechniken ermöglicht neue Optionen dieser Systeme. An Bereichen der Karosserie, an denen es sehr aufwändig und kostenintensiv ist die erforderliche Maßhaltigkeit herzustellen, ist es mit spaltüberbrückender, robuster Fügetechnik möglich die Toleranzvorgaben zu erweitern.

Um den Bedürfnissen von Konstruktion und Planung gerecht zu werden, muss die Methode des geometrischen Prozessfensters mit wirtschaftlichen Modellen verknüpft werden. Ein solches Expertensystem könnte mit gesammelten Erkenntnissen von geometrischen Prozessfenstern sowie mit Wissen über wirtschaftliche Faktoren, über die Festigkeit und die Schweißbarkeit einen optimalen Einsatz von Fügetechniken ermöglichen.

Ebenso ist es notwendig die Eigenschaften der Bauteile, an denen es gehäuft zu Fehlern durch Bauteilabweichungen kommt, in ein Modell zu erfassen und als Werkzeug der Konstruktion und Planung an die Hand zu geben. Somit ist es möglich diese Bereiche gezielt aus Sicht der Konstruktion zu vermeiden oder aus Sicht der Planung mehr Aufwand in Form längeren Fertigungszeiten oder kostenintensiveren Alternativverfahren einzuplanen.

Literaturverzeichnis

[1] BAARDSEN, E. L.: *Patentschrift: Method Of Welding Galvanized Steel: Offenlegungsschrift: US-3969604, United States Patent.* 1974.

[2] BARNETT, L., LEANEY P. G. und J. MATKE: *Striving for manufacturing flexibility in body construction: Proceedings of the IMechE AutoTech/95 Conference, Birmingham, UK,* 1995.

[3] BARYLISZYN, P., S. JÜTTNER und U. FÜSSEL: *Neuartiges Regelsystem zum Widerstandspunktschweißen von Karosseriebauteilen mit Maßabweichungen: Große Schweißtechnische Tagung 2009, Essen, In: DVS-Berichte Band 258,* 14. bis 19.09.2009.

[4] BAUER, N.: *Die Fabrik von heute für das Auto von morgen: In: H. Baumgarten. Das Beste der Logistik, Springer-Verlag Berlin u.a., ISBN: 978-3-540-78404-3.* 2008.

[5] BEYER, E.: *Schweißen mit Laser - Grundlagen: Springer-Verlag Berlin u.a., ISBN: 3-540-52674-9.* 1995.

[6] BOHN, MARTIN: *Toleranzmanagement im Entwicklungsprozess - Reduzierung der Auswirkungen von Toleranzen auf Zusammenbauten der Automobilkarosserien: Dissertation - Universität Karlsruhe, urn:nbn:de:swb:90-188168.* 1998.

[7] BRYSCH, P.: *Patentschrift: Verfahren zum Laserschweissen mit definierter Spaltweite: Offenlegungsschrift: DE 10042538 A1, Deutsches Patent- und Markenamt.* 2000.

[8] BUTZ, I.: *Opel Meriva - body concept for a flexible interior: Future Steel Car Bodies In Hybrid Design, Automotive Circle International - Conference, Bad Nauheim,* 28. bis 29.04.2004.

[9] CAMELIO, J., S. S. JACK HU und D. CEGLAREK: *Impact of Fixture Design on Sheet Metal Assembly Variation: Journal of Manufacturing Systems, 3/23, ISSN: 0278-6125, S. 182-193.* 2004.

[10] DATENBANKAUSZUG: *Qualität der Fügeverbindungen der Rohkarosserie Golf V, Produktion Werk Wolfsburg.* 01.01.2007 bis 30.06.2008.

[11] DILTHEY, U.: *Schweißtechnische Fertigungsverfahren 2 - Verhalten der Werkstoffe beim Schweißen: Springer-Verlag, Berlin u.a., 3. bearbeitete Auflage, ISBN: 3-540-21674-X.* 2005.

[12] DILTHEY, U.: *Schweißtechnische Fertigungsverfahren 1 - Schweiß- und Schneidtechnologien: Springer-Verlag, Berlin u.a., 3. bearbeitete Auflage, ISBN: 3-540-21673-1.* 2006.

[13] DOEGE, E. und B. A. BEHRENS: *Handbuch Umformtechnik - Grundlagen, Technologien, Maschinen: Springer-Verlag, Berlin u.a., ISBN: 3-540-23441-1.* 2007.

[14] ECKSTEIN, P. P.: *Repetitorium Statistik - Deskriptive Statistik - Stochastik - induktive Statistik: Gabler-Verlag, Wiesbaden, 6. aktual. Aufl., ISBN: 978-3-8349-0464-5.* 2006.

[15] FAHRENWALDT, H. J., V. SCHULER, J. TWDREK und H. WITTEL: *Praxiswissen Schweißtechnik - Werkstoffe, Prozesse, Fertigung: Vieweg Verlag Wiesbaden, 2. überarbeitete und erweiterte Auflage., ISBN: 3-8348-0194-4.* 2006.

[16] FORSCHUNGSBERICHT: *Vergleichende Untersuchung innovativer Geräte zur Verbesserung der Schweißqualität beim Widerstandspunktschweißen: Abschlußbericht zum Forschungsvorhaben AiF-Nr. 13.568N.* Laufzeit: 01.02.2003 bis 31.01.2005.

[17] FORSCHUNGSBERICHT: *Untersuchungen zum Widerstandspunktschweißen von Feinblechen aus neuentwickelten höher- und höchstfesten Stahlwerkstoffen: Abschlußbericht zum Forschungsvorhaben AiF-Nr. 12.618N.* Laufzeit: 01.10.2000 bis 31.12.2002.

[18] FRANZ, T.: *Weiterentwicklung der klassischen Fügeverfahren im Automobilbau: Joining in Automotive Engineering, Automotive Circle International - Conference, Bad Nauheim,* 25. bis 26.04.2007.

[19] FRAUNHOFER-IWS DRESDEN (HRSG.): *Laserstrahlhybridschweissen im Leichtbau: Fraunhofer-IRB-Verl., Stuttgart, ISBN: 3-8167-7197-1.* 2006.

[20] FRIEDRICH, H. E., P. TREFFINGER, G. KOPP und H. KNÄBEL: *Werkstoffe und Bauweisen ermöglichen neue Fahrzeugkonzepte: In: V. Schindler, I. Sievers, Forschung für das Auto von Morgen - Aus Tradition entsteht Zukunft, Springer-Verlag, Berlin u.a., ISBN: 978-3-540-74150-3, S. 301-347.* 2008.

[21] GOEDE, M.: *Materialmix für 30 Prozent leichtere Autos - EU-Projekt Super Light Car konzipiert innovative Leichtbaukarosserie: Automotive Materials, Nr. 1, ISSN: 1613-9321, S. 12-24.* 2009.

[22] GRABNER, J. und R. NOTHHAFT: *Konstruieren von Pkw-Karosserien - Grundlagen, Elemente und Baugruppen, Vorschriftenübersicht, Beispiele mit CATIA V4 und V5: Springer-Verlag, Berlin u.a., 3. erw. Aufl., ISBN: 3-540-23884-0.* 2006.

[23] GRIMM, J., W. GRIMM, H. W. BARTZ und M. WEINMANN: *Deutsches Wörterbuch: Zweitausend-Verlag, Frankfurt am Main, Elektronische Ausg. der Erstbearb. , Originalausg., 5. Aufl., Version 12/04., ISBN: 3-86150-628-9.* 2006.

[24] GÜNTHER, H. O. und H. TEMPELMEIER: *Produktion und Logistik: Springer-Verlag, Berlin u.a., 7., überarb. Aufl., ISBN: 3-540-74152-6.* 2007.

[25] GUTIERREZ, R. L. Z. und M. HUHNS: *Multiagent-Based Fault Tolerance Management for Robustness: In: A. Schuster, Robust Intelligent Systems, Springer-Verlag, London u.a., ISBN: 1-84800-260-2, S. 23-40.* 2009.

[26] HAMEDI, M., M. SHARIATPANAHI und A. MANSOURZADEH: *Optimizing spot welding parameters in a sheet metal assembly by neural networks and genetic algorithm: Journal of Engineering Manufacture, 221/B, ISSN: 0954-4054, S. 1175-1184.* 2004.

[27] HELLMUTH, B. und A. GÜNTER: *Die Schweißtechnik im Wandel der Zeiten: Vom Schmiedefeuer zum Laserstrahl.* DVS-Verl., Düsseldorf, 2006.

[28] HELTEN, S. J.: *Qualifizierung des Nd:YAG-MIG-Hybridschweißverfahrens für den Aluminiumkarosseriebau: Dissertation - Universität Aachen, Shaker-Verlag, Aachen, ISBN: 3-8322-2178-6.* 2003.

[29] HERBERT F., A. und G. SCHULZE: *Fertigungstechnik: Springer-Verlag, Berlin u.a., 4.*

neubearb. A.flage, ISBN: 3-540-63852-0. 2006.

[30] HORNBOGEN, E. und B. SKROTZKI: *Mikro- und Nanoskopie der Werkstoffe: Springer-Verlag, Berlin u.a., ISBN: 978-3-540-89945-7.* 2009.

[31] HORNIG, H.: *Patentschrift: Laserstrahl-Schweissverfahren fuer Ueberlappnaehte an beschichteten Blechen: Offenlegungsschrift: EP 1005944 B1, Europäisches Patentamt.* 1999.

[32] JASNAU, U. und J. UND SEYFFARTH P. HOFFMANN: *Nd: YAG-Laser-MSG-Hybridschweißen von Aluminiumlegierungen im Schiffbau: Schweißen und Schneiden 2003*, Band 205 der Reihe *DVS-Berichte Band 225*. Verl. für Schweißen und verwandte Verfahren DVS-Verl., Düsseldorf, 2003.

[33] JOHNE, V.: *Geometrische und kinematische Einflüsse auf die Prozesssicherheit der industriellen Schraubmontage: Dissertation - TU Dresden, TUDpress Verl. der Wiss., Dresden, ISBN: 9783940046802.* 2008.

[34] JOHO, L. und H. ALDER: *Patentschrift: Laserverschweissnaht fuer beschichtete Bleche, insbesondere verzinkte Bleche: Offenlegungsschrift: DE 10261655 A1, Deutsches Patent- und Markenamt.* 2002.

[35] JORDEN, W.: *Form- und Lagetoleranzen - Handbuch für Studium und Praxis: Hanser-Verlag, München, 3. verb. und erw. Aufl., ISBN: 3-446-22754-7.* 2005.

[36] JÜTTNER, S., H. RUDOLF, L. DORN und K. KOPPE: *Neuartige Methodik zur Bestimmung der mechanischen Festigkeit von dünnwandigen Blech-Hohlprofilen. Der Praktiker, DVS-Verlag, 7/57, ISSN: 0554-9965, S. 184-188.* 2005.

[37] KAIMER, H. und J. DEGNER: *MSG-Schweißen / MSG-Löten: Kuka - Schulungsunterlagen, KUKA Service Solutions GmbH, Aufl. 05.* 2004.

[38] KEITEL, S. und V. WESLING: *Untersuchungen zum Widerstandspunktschweißen von Feinblechen aus neuentwickelten höher- und höchstfesten Stahlwerkstoffen: Forschungsbericht, Vorhaben: DVS-Nr.: 04.025 / IGF-Nr.: 12.618 N, SLV Duisburg, ISAF TU Clausta1,.* 2003.

[39] KILLING, R.: *Schweißen nach dem Verzinken. Schweißen bei verzinkten Konstruktionen: Der Praktiker, DVS-Verlag, 2/50, ISSN: 0554-9965.* 1998.

[40] KILLING, R.: *Lichtbogenschweißverfahren: Dt. Verl. für Schweißtechnik (DVS), Düsseldorf, 3., überarb. und erw. Aufl., ISBN: 3-871-55184-8.* 1999.

[41] KLEIN, B.: *Toleranzmanagement im Maschinen- und Fahrzeugbau - Form- und Lagetoleranzen - Tolerierungsprinzipien - Tolerierungsverknüpfungen - Maßketten - Oberflächen: Oldenbourg-Verlag, München, ISBN: 3-486-57850-2.* 2006.

[42] KLEIN, B. und F. MANNEWITZ: *Statistische Tolerierung - Qualität der konstruktiven Gestaltung: Vieweg-Verlag, Braunshweig, ISBN: 3-528-06563-8.* Qualitäts- und Zuverlässigkeitsmanagement. 1993.

[43] KOCAB, H. D.: *Der richtige MSG-Lichtbogen für jede Anwendung – druckvoll mit ForceArc und wärmeminimiert mit ColdArc: Große Schweißtechnische Tagung 2009, Essen, In: DVS-Berichte Band 258*, 14. bis 19.09.2009.

[44] KROPF, A.: *Application of thermography for the inspection of laser welds as employed in Touran production at Auto 5000 GmbH: Joining in Automotive Engineering, Automotive Circle International - Conference, Bad Nauheim*, 25. bis 26.04.2007.

[45] LEE, H. B, Y. S BANG, J. L DUVAL und J. H HAN: *A study on the distortion characteristic due to spot welding of body structure assembly for passenger car: SAE-Technical Papers, Warrendale, Pennsylvania, USA, Nr: 2002-01-2022.* 2002.

[46] LINKE, H. und D. KLUGE: *Schweissen im Kraftfahrzeugbau: Zentralinst. für Schweisstechnik d. DDR, Halle.* 1988.

[47] LÜTTMANN, U.: *Weiterentwicklung von Lichtbogensensorsystemen zur Verringerung des Programmieraufwandes unter besonderer Berücksichtigung der Toleranzen der Fugenvorbereitungen: Dissertation - Aachen, Dt. Verl. für Schweißtechnik, Düsseldorf, ISBN: 3-87155-897-4.* 1991.

[48] MANNS, K. P und D. MÜLLER: *The joining concepts of the new Opel Corsa Body: Joining in Automotive Engineering, Automotive Circle International - Conference, Bad Nauheim,* 25. bis 26.04.2007.

[49] MATSUNAWA, A., A. M. EL-BATAHGY und B. ZAGHLOUL: *Laser Beam Welding of Lap Joints of Dissimilar Materials: Transactions of the JWRI (Japan Welding Research Institute), Japan, 2/27, ISSN: 0387-4508, S. 13-19.* 1998.

[50] MERKBLATT: *DVS 0927-1:2005; Sensoren für das vollmechanische Lichtbogenschweißen.*

[51] MERKBLATT: *DVS 2902-4:2001; Widerstandspunktschweißen von Stählen bis 3 mm Einzeldicke - Grundlagen, Vorbereitung und Durchführung.*

[52] MERKBLATT: *DVS 2910:2001; Widerstandspunkt-, Buckel- und Rollennahtschweißen von feuerverzinktem Stahlblech.*

[53] MERKBLATT: *DVS 2915:1979; Teil1: Gütesicherung beim Punkt-, Buckel- und Rollennahtschweißen - Grundlagen.*

[54] MERKBLATT: *DVS 2916-1:2009; Prüfen von Widerstandspressschweißverbindungen - Zerstörende Prüfung, quasistatisch.*

[55] MERKLEY, K.: *Tolerance Analysis of Compliant Assemblies: Dissertation - Brigham Young University, Provo, Utah, USA.* 1998.

[56] MÜLLER, G.: *The advanced joining concept of the all new Ford Mondeo: Joining in Automotive Engineering, Automotive Circle International - Conference, Bad Nauheim,* 23. bis 25.04.2008.

[57] MUSSELMAN, G. H.: *Patentschrift: Laser joint welding metal material: Offenlegungsschrift: US 6794603 B1, United States Patent.* 2003.

[58] NITSCHKE-PAGEL, T. und H. WOHLFAHRT: *Eigenspannungen und Schwingfestigkeit von Schweißverbindungen - eine Bewertung des Kenntnisstandes: Schweissen und Schneiden, 7-8/59, ISSN: 0036-7184.* 2007.

[59] N.N.: *Duden - das Standardwerk zur deutschen Sprache, Band 1: Dudenverlag, Mannheim, 23., völlig neu bearb. und erw. Aufl., ISBN: 3-411-04011-4.* 2004.

[60] N.N.: *Harbour Report 2007: Oliver Wyman Company and Harbour Consulting, New York.* 2005.

[61] N.N.: *ThermoSpector Weld - Dokumentation der Prüfsoftware: Thermo Sensorik GmbH.* 2005.

[62] N.N.: *Verfahren zum Fügen von flächigen Bauteilenerstellt - KATALOG: Fraunhofer IWU Dresden, Abteilung Prototypen/Fügen*, 2005.

[63] NORM: *DIN 1910-100:2008; Schweißen und verwandte Prozesse - Begriffe - Teil 100: Metallschweißprozesse mit Ergänzungen zu DIN EN 14610:2005: DIN Deutsches Institut für Normung e. V., Beuth Verlag GmbH.*

[64] NORM: *DIN EN 10002-1:2001; Metallische Werkstoffe - Zugversuch - Teil 1: Prüfverfahren bei Raumtemperatur: DIN Deutsches Institut für Normung e. V., Beuth Verlag GmbH.*

[65] NORM: *DIN EN 10268:2006; Kaltgewalzte Flacherzeugnisse aus Stahl mit hoher Streckgrenze zum Kaltumformen - Technische Lieferbedingungen: DIN Deutsches Institut für Normung e. V., Beuth Verlag GmbH.*

[66] NORM: *DIN EN 10292:2007; Kontinuierlich schmelztauchveredeltes Band und Blech aus Stählen mit hoher Streckgrenze zum Kaltumformen - Technische Lieferbedingungen: DIN Deutsches Institut für Normung e. V., Beuth Verlag GmbH.*

[67] NORM: *DIN EN 10336:2007; Kontinuierlich schmelztauchveredeltes und elektrolytisch veredeltes Band und Blech aus Mehrphasenstählen zum Kaltumformen - Technische Lieferbedingungen: DIN Deutsches Institut für Normung e. V., Beuth Verlag GmbH.*

[68] NORM: *DIN EN 14610:2005; Schweißen und verwandte Prozesse - Begriffe für Metallschweißprozesse: DIN Deutsches Institut für Normung e. V., Beuth Verlag GmbH.*

[69] NORM: *DIN EN ISO 10447:2007; Widerstandsschweißen - Schäl-, Meißel- und Keilprüfung von Widerstandspunkt- und Buckelschweißverbindungen: DIN Deutsches Institut für Normung e. V., Beuth Verlag GmbH.*

[70] NORM: *DIN EN ISO 13919-1:1996; Elektronen- und Laserstrahl-Schweißverbindungen Leitfaden für Bewertungsgruppen von Unregelmäßigkeiten - Teil 1: Stahl: DIN Deutsches Institut für Normung e. V., Beuth Verlag GmbH.*

[71] NORM: *DIN EN ISO 14273:2002; Probenmaße und Durchführung für die Scherzugprüfung an Widerstandspunkt-, Rollennaht- und Buckelschweißungen mit geprägten Buckeln: DIN Deutsches Institut für Normung e. V., Beuth Verlag GmbH.*

[72] NORM: *DIN EN ISO 14327:2004; Widerstandsschweißen - Verfahren für das Bestimmen des Schweißbereichsdiagramms für das Widerstandspunkt-, Buckel- und Rollennahtschweißen: DIN Deutsches Institut für Normung e. V., Beuth Verlag GmbH.*

[73] NORM: *DIN EN ISO 5817:2007; Schweißen - Schmelzschweißverbindungen an Stahl, Nickel, Titan und deren Legierungen (ohne Strahlschweißen) - Bewertungsgruppen von Unregelmäßigkeiten: DIN Deutsches Institut für Normung e. V., Beuth Verlag GmbH.*

[74] NORM: *DIN EN ISO 6520-1:2007; Schweißen und verwandte Prozesse – Einteilung von geometrischen Unregelmäßigkeiten an metallischen Werkstoffen – Teil 1: Schmelzschweißen: DIN Deutsches Institut für Normung e. V., Beuth Verlag GmbH.*

[75] NORM: *DIN EN10152:2003; Elektrolytisch verzinkte kaltgewalzte Flacherzeugnisse aus Stahl zum Kaltumformen - Technische Lieferbedingungen: DIN Deutsches Institut für Normung e. V., Beuth Verlag GmbH.*

[76] NORM: *DIN-Fachbericht ISO/TR 581:2007; Schweißbarkeit Metallischer Werkstoffe - Allgemeine Grundlagen: DIN Deutsches Institut für Normung e. V., Beuth Verlag GmbH.*

[77] NORM: *VW 01105-1:2007; Widerstandspunktschweißen; Konstruktion, Berechnung; Unbeschichtete und beschichtete Stahlbleche: Konzernnorm Volkswagen AG.*

[78] NORM: *VW 01106-1:2004; Schutzgasschweißen, Stahlblechverbindungen; Konstruktion, Ausführung, Qualitätssicherung: Konzernnorm Volkswagen AG.*

[79] NORM: *VW 50060-3:2007; Kaltgewalzte Komplexphasenstähle; Werkstoffanforderungen: Konzernnorm Volkswagen AG.*

[80] NORM: *VW 50060-4:2007; Warmgewalzte Komplex- und Martensitphasenstähle; Werkstoffanforderungen: Konzernnorm Volkswagen AG.*

[81] ODA, K.: *Patentschrift: Laser welding method and device: Offenlegungsschrift: US 7319205 B2, United States Patent.* 2006.

[82] ONO, M., Y. SHINBO, A. YOSHITAKE und M. OHMURA: *Development of laser-arc hybrid welding: NKK Technical Report, Japan, No: 176, ISSN: 0915-0536, S. 70–74.* 2002.

[83] ÖZDEN, H. und K. T. UND DORN L. GÜRSEL: *Parameterstudie zur Anwendung der Pendelraupentechnik beim WIG-Unterwasserschweißen: Materialwissenschaft und Werkstofftechnik, 1/36, ISSN: 1521-4052, S. 23-27.* 2005.

[84] PISKUN, A., C. GERMER und MANTWILL: *Sind Einzelteil-Massabweichungen im Karosseriebau kompensierbar? CTI-Forum Toleranzmanagement, Wiesbaden*, 24. bis 26.09.2007.

[85] PLATZ, J.: *Moderne Hochleistungsschweißverfahren im Vergleich: Große Schweißtechnische Tagung 2009, Essen, In: DVS-Berichte Band 258*, 14. bis 19.09.2009.

[86] PÖLL, K.: *Adaptive Process Control for Resistance Welding on the Example of High-Strength Steel Joints: Joining in Automotive Lightweight Design, Automotive Circle International - Conference, Bad Nauheim*, 08. bis 09.04.2003.

[87] POPRAWE, R.: *Lasertechnik für die Fertigung: Grundlagen, Perspektiven und Beispiele für den innovativen Ingenieur ; mit 26 Tabellen.* Springer, Berlin, 2005.

[88] PRAVEEN, P. und P. YARLAGADDA: *Synergic Effects of Hybrid Welding: 1st International Conference on Manufacturing and Management, New Delhi, In: Global Congress on Manufacturing & Management*, 8 bis 10.12.2004.

[89] PRÜFVORSCHRIFT: *PV 6702:2004; Punktschweißen von Karosseriebaugruppen; Beurteilung der Widerstandsschweißverbindung: Prüfvorschrift Volkswagen AG.*

[90] R. STRUCK, S. KULP und ET AL: *Parametric Die Compensation: IDDRG Conference 2006; Porto, Portugal*, 19. bis 21.06.2006.

[91] RADAJ, D.: *Eigenspannungen und Verzug beim Schweißen - Rechen- und Meßverfahren: Verl. für Schweißen und verwandte Verfahren DVS-Verl., Düsseldorf, ISBN: 3-871-55194-5.* 2002.

[92] RADAJ, D., R. KOLLER, U. DILTHEY und O. BUXBAUM: *Laserschweißgerechtes Konstruieren: Beiträge zu innovativen Fertigungsverfahren*, Band 116 der Reihe *Fachbuchreihe Schweißtechnik.* Dt. Verl. für Schweißtechnik DVS-Verl., Düsseldorf, 1994.

[93] REEK, A.: *Strategien zur Fokuspositionierung beim Laserstrahlschweißen: Utz-Verlag, München, ISBN: 3-89675-730-X.* 2000.

[94] REISGEN, U., G. BUCHHOLZ, K. WILLMS, M. BECKERS, L. STEIN, J. KRUSCHA und

WAGNER F.: *Neue Ansätze zur Realisierung eines ereignisgesteuerten Impulsschweißprozesses: Große Schweißtechnische Tagung 2009, Essen, In: DVS-Berichte Band 258*, 14. bis 19.09.2009.

[95] RENNER, I.: *Methodische Unterstützung funktionsorientierter Baukastenentwicklung am Beispiel Automobil: Hut-Verlag, München, 1. Aufl., ISBN: 978-3-89963-567-6.* 2007.

[96] RITTMEIER, S.: *Systemunterstützte Umformung: Cuvillier-Verlag, Göttingen, 1. Aufl., ISBN: 978-3-86727-419-7.* 2007.

[97] SCHMIDT, A.: *Ein Ansatz zur ganzheitlichen Maß-, Form- und Lagetolerierung: Dissertation - Universität Paderborn.* 1998.

[98] SCHMIDT, M., A. OTTO und C. KÄGELER: *Analysis of YAG laser lap-welding of zinc coated steel sheets: CIRP Annals-Manufacturing Technology, 1/57, ISSN: 0007-8506, S. 213–216.* 2008.

[99] SCHMIDT-JÜRGENSEN, R.: *Untersuchungen zur Simulation rückfederungsbedingter Formabweichungen beim Tiefziehen: Dissertation - Universität Hannover, urn:nbn:de:gbv:089-3532671634.* 2002.

[100] SCHNEEGANS, J.: *Untersuchungen zum Laserstrahlschweissen mit Zusatzdrahtführung an un- und niedriglegierten Stählen: Shaker-Verlag, Aachen, ISBN: 978-3861114420.* 1993.

[101] SCHNEEGANS, J.: *Patentschrift: Verfahren und Vorrichtung zum Laserstrahl-Schweissen zum Fügen von Blechen, mit einem durch einen den Laserplasma erfassenden Sensor steuerbaren Spalt zwischen den Blechen; verzinkte und mittels Laserstrahl-Schweissen gefügte Bleche: Offenlegungsschrift: EP 1 629 931 A1, Europäisches Patentamt.* 2006.

[102] SCHREIBER, W.: *Ringvorlesung Produktionstechnik: Vorlesungsunterlagen TU Braunschweig, Braunschweig*, 2008.

[103] SCHREMS, O.: *Optimierte Tolerierung durch Qualitätsanalyse: Konstruktion, 50, ISSN: 0720-5953, S. 31-36.* 1998.

[104] SHEIKHI, S.: *Einsatz von rührreibgeschweißten Platinen im Automobilbau – von der Forschung bis zur industriellen Applikation: Große Schweißtechnische Tagung 2010, Nürnberg, In: DVS-Berichte Band 267*, 27. und 28.09.2010.

[105] SHMELEV, E. N., E. A. GALKIN und M. ZHUCHKOVA: *The new Lada 2116 Sedan Car Body: Car Body Engineering, Automotive Circle International - Conference, Bad Nauheim*, 16. bis 18.10.2007.

[106] SMITH, T. G.: *Steel or aluminium in automotive production - which best benefits the environment? Steel Times International, ISSN: 0143-7798, S. 48-52.* 2007.

[107] SPIES, B. und V. THOMS: *Patentschrift: Überlapp- oder Steg- Schweißnaht für verzinkte Bleche: Offenlegungsschrift: DE 3933408 C2, Deutsches Patent- und Markenamt.* 1989.

[108] SPIES, B. und V. THOMS: *Patentschrift: Ueberlapp- oder Steg-Schweissnaht fuer verzinkte Bleche: Offenlegungsschrift: DE 3933408 A1, Deutsches Patent- und Markenamt.* 1989.

[109] STAUBACH, M.: *Eigenschaften schweißgelöteter Stahl-Aluminium-Mischverbindungen unter Verwendung wärmearmer MSG-Prozesse: Dissertation - TU Dresden, TUDpress Verl. der Wiss., Dresden, ISBN: 3941298259.* 2009.

[110] STAUFER, H., M. RUHRNOSSL und G. MIESSBACHER: *LaserHybrid Welding and LaserBra-*

zing: State of the Art in Technology and Practice by Examples of Audi A8 and VW-Phaeton: SME - Society of Manufacturing Engineers, Nr: MS03-130. 2003.

[111] Steininger, V. und B. Carleer: *Prozesssichere Bauteile aus hochfesten Stählen: Future Steel Car Bodies In Hybrid Design, Automotive Circle International - Conference, Bad Nauheim*, 28. bis 29.04.2004.

[112] Stickeler, A.: *Toleranzanalyse als effektives Werkzeug zur Qualitätsverbesserung und Kostenoptimierung: Automotive Engineering Partners, 3, ISSN: 1435-6074.* 2004.

[113] Tessmar, V., S. Jüttner, K. J. Matthes und K. Koppe: *Anforderungen und Bedeutung von Sensorik für das MSG-Schweißen / -Löten im Automobilbau: Große Schweißtechnische Tagung 2007, Basel, In: DVS-Berichte Band 244*, 16. bis 18.09.2007.

[114] Toutenburg, H. und C. Heumann: *Deskriptive Statistik: Eine Einführung in Methoden und Anwendungen mit R und SPSS, Springer-Verlag, Berlin, Heidelberg, 6. Aufl., ISBN: 978-3-540-77787-8.* 2008.

[115] Trommer, G. und W. Widmann: *'Kalte' MSG-Verfahren auf dem Vormarsch: Produktion, 24, S. 14.* 2007.

[116] Trumpold, H., C. Beck und G. Richter: *Toleranzsysteme und Toleranzdesign - Qualität im Austauschbau: Hanser-Verlag, München, ISBN: 3-446-17757-4.* 1997.

[117] Ungemach, G.: *Simulation toleranzbehafteter Karosseriestrukturen und deren virtuelle Qualitätsbeurteilung: Dissertation - Helmut-Schmidt-Universität/Universität der Bundeswehr Hamburg, Logos-Verlag, Berlin, ISBN: 978-3-8325-2243-8.* 2009.

[118] Wallentowitz, H., A. Freialdenhoven und I. Olschewski: *Strategien in der Automobilindustrie - Technologietrends und Marktentwicklungen: Vieweg+Teubner Verlag / GWV Fachverlage GmbH, Wiesbaden, 1. Aufl., ISBN: 978-3-8348-0725-0.* 2009.

[119] Weiss G., Schuberth S. und Ratte E.: *Hochfeste nichtrostende Stähle im Fahrzeugbau: Stahl und Eisen, Düsseldorf, 8/128, ISSN: 0340-4803, S. 53-56.* 2008.

[120] Wemhöner, N.: *Flexibilitätsoptimierung zur Auslastungssteigerung im Automobilrohbau: Dissertation - RWTH Aachen, Shaker-Verlag, Aachen, ISBN: 978-3832251116.* 2006.

[121] Wenkao H., Laurent C. und Stephen K.: *Effect of Gap on AHSS RSW Weldability: SAE-Technical Papers, Warrendale, Pennsylvania, USA, Nr: 2009-01-0030.* 2009.

[122] Wesling, V.: *Schweißtechnik I Vorlesungsskript ISAF - Universität Clausthal, Claustal.* 2007.

[123] Wittmann, M.: *Toleranzinformationssystem in der Produktentwicklung: Dissertation Universität Saarbrücken, Eul-Verlag, Lohmar, ISBN: 3-89012-938-2.* 2002.

[124] Wolf, D.: *Der neue smart forfour - Teil 1, Future Steel Car Bodies In Hybrid Design: Automotive Circle International - Conference, Bad Nauheim*, 28. bis 29.04.2004.

[125] Xie, J. und P. Denney: *Laser Lap Welding of Galvanized Steel with No Gap: SAE-Technical Papers, Warrendale, Pennsylvania, USA, Nr: 1999-01-3145*, 1999.

[126] Xie, J. und P. Denney: *Galvanized steel joined with lasers: Welding Journal, American Welding Society, 6/80, ISSN: 0043-2296, S. 59-61.* 2001.

[127] Xu, P., G. Weber, H. J. Krause und T. Böllinghaus: *Bewertung und Vereinheitli-*

chung von gefügten Dünnblechproben für Schwingversuche im Zeitfestigkeitsbereich. Bundesanstalt für Materialforschung und -prüfung: BAM-Berlin, Forschungsvereinigung Automobiltechnik, FAT-Schriftenreihe: 169/02. 2002.

[128] ZAEH, M. F. UND GEBHARD P.: *Übertragbarkeit von Schweißparametern beim Rührreibschweißen: Große Schweißtechnische Tagung 2009, Essen, DVS-Berichte Band 258*, 14. bis 19.09.2009.

[129] ZHANG, Y.: *Das Z4 Karosserie- und Fertigungskonzept - Teil 3: Rohbaukonzept: Joining in Automotive Lightweight Design, Automotive Circle International - Conference, Bad Nauheim*, 08. bis 09.04.2003.

[130] ZÜRN, M., R. CLAAS und DIEHL T.: *Im Takt der Linie - Schweißnähte automatisiert Prüfen und Optimieren: QZ - Qualität und Zuverlässigkeit, 2/54, ISSN: 0720-1214, S. 54-55.* 2009.

Anhang

A. Verteilung der unzulässigen Unregelmäßigkeiten - MSG-Schweißen

Tabelle A.1.: Verteilung der unzulässigen Unregelmäßigkeiten für fehlerhafte MSG-Schweißverbindungen bei der kleinen Qualitätsprüfung [10]

Kleine Qualitätsprüfung: Verteilung der unzulässigen Unregelmäßigkeiten beim MSG-Schweißen alle Unregelmäßigkeiten:	**100%**	▬
Größe / Beschaffenheit Schweissgut fehlerhaft	68,25%	▬
Durchbrand	11,25%	▮
Naht nicht vorhanden	9,89%	▮
Nahtlänge n.i.O.	3,06%	|
Poren	2,79%	|
Position fehlerhaft	2,15%	|
Blechflanke nicht erfasst	2,08%	|
Einbrandkerbe	0,24%	|
Schweissgutüberlauf	0,14%	|
Endkrater offen	0,02%	|
Risse	0,01%	|

Tabelle A.2.: Verteilung der unzulässigen Unregelmäßigkeiten für fehlerhafte MSG-Schweißverbindungen bei der großen Qualitätsprüfung [10]

Große Qualitätsprüfung: Verteilung der unzulässigen Unregelmäßigkeiten beim MSG-Schweißen alle Unregelmäßigkeiten:	**100%**	
Einbrandtiefe zu klein	51,55%	
Nahtlänge n.i.O.	20,59%	
Keine Verbindung vorhanden	10,97%	
Poren	10,21%	
Durchbrand	2,45%	
Bindefehler	2,19%	
Position fehlerhaft	1,64%	
Schweissgutüberlauf	0,26%	
Risse	0,07%	
Einbrandkerbe	0,07%	

B. Verteilung der unzulässigen Unregelmäßigkeiten - Laserstrahlschweißen

Tabelle B.1.: Verteilung der unzulässigen Unregelmäßigkeiten von fehlerhaften Laserstrahlschweißverbindungen bei der kleinen Qualitätsprüfung [10]

Kleine Qualitätsprüfung: Verteilung der unzulässigen Unregelmäßigkeiten beim Laserstrahlschweißen alle Unregelmäßigkeiten:	**100%**	
Poren	31,47%	
Nahtunterwölbung	25,48%	
keine Verbindung vorhanden	13,51%	
Fügeverbindung hält nicht	9,50%	
Einbrandkerbe	9,42%	
Nahtlänge n.i.O.	8,92%	
Schweißspritzer	0,80%	
Position n.i.O.	0,77%	
Naht nicht vorhanden	0,13%	
Risse	0,01%	

Tabelle B.2.: Verteilung der unzulässigen Unregelmäßigkeiten von fehlerhaften Laserstrahlschweißverbindungen bei der großen Qualitätsprüfung [10]

Kleine Qualitätsprüfung: Verteilung der unzulässigen Unregelmäßigkeiten beim Laserstrahlschweißen alle Unregelmäßigkeiten:	**100%**	
Poren	38,49%	
Nahtunterwölbung	30,62%	
Keine Verbindung vorhanden	16,09%	
Nahtlänge n.i.O.	5,73%	
Bindefehler	3,03%	
Naht nicht vorhanden	2,97%	
Position fehlerhaft	2,87%	
Risse	0,19%	
Bruchart fehlerhaft	0,01%	

C. Verteilung der unzulässigen Unregelmäßigkeiten - Widerstandspunktschweißen

Tabelle C.1.: Verteilung der Unregelmäßigkeiten von fehlerhaften Widerstandspunktschweißverbindungen bei der kleinen Qualitätsprüfung [10]

Kleine Qualitätsprüfung: Verteilung der unzulässigen Unregelmäßigkeiten beim Widerstandspunktschweißen					
alle Unregelmäßigkeiten:				**100%**	
Fügeverbindung hält nicht				73,88%	
Elektroden-Eindruck n.i.O.				22,43%	
davon:	zu tief	86,67%			
	verkantet	5,46%			
	ungleichmäßig	5,11%			
	unsauber (Schlacke, Schmauch)	0,83%			
	Krater	0,45%			
	Kupferbelag	0,10%			
	Grat	0,07%			
	Versatz Ober-/Unterblech	0,07%			
Position fehlerhaft				2,88%	
davon:	n.i.O.	52,56%			
	zu geringer Randabstand	47,44%			
Fügeverbindung nicht vorhanden				0,70%	

Tabelle C.2.: Verteilung der Unregelmäßigkeiten von fehlerhaften Widerstandspunktschweißverbindungen bei der großen Qualitätsprüfung [10]

Große Qualitätsprüfung: Verteilung der unzulässigen Unregelmäßigkeiten beim Widerstandspunktschweißen		
alle Unregelmäßigkeiten:	**100%**	
Position fehlerhaft	53,23%	
Punktdurchmesser zu klein (bei Mehrblechverbindung wurde Durchmesser mit größeren Fehler berücksichtigt)	32,52%	
davon: 90%-99% von d_{pmin}	9,36%	
80%-89% von d_{pmin}	29,21%	
70%-79% von d_{pmin}	23,22%	
60%-69% von d_{pmin}	14,48%	
50%-59% von d_{pmin}	10,99%	
40%-49% von d_{pmin}	6,12%	
30%-39% von d_{pmin}	1,87%	
20%-29% von d_{pmin}	1,00%	
10%-19% von d_{pmin}	0,00%	
0%-9% von d_{pmin}	3,75%	
Keine Verbindung vorhanden	6,70%	
Bruchart fehlerhaft (Bruch in der Fügeebene oder Mischbruch und Bruchfläche ohne kristalline Anbindung)	6,58%	
Fügeverbindung nicht vorhanden	0,89%	
Poren	0,04%	
Risse	0,04%	

D. Einzelergebnisse der Sichtprüfung und der Metallografischen Untersuchung - MSG-Schweißen

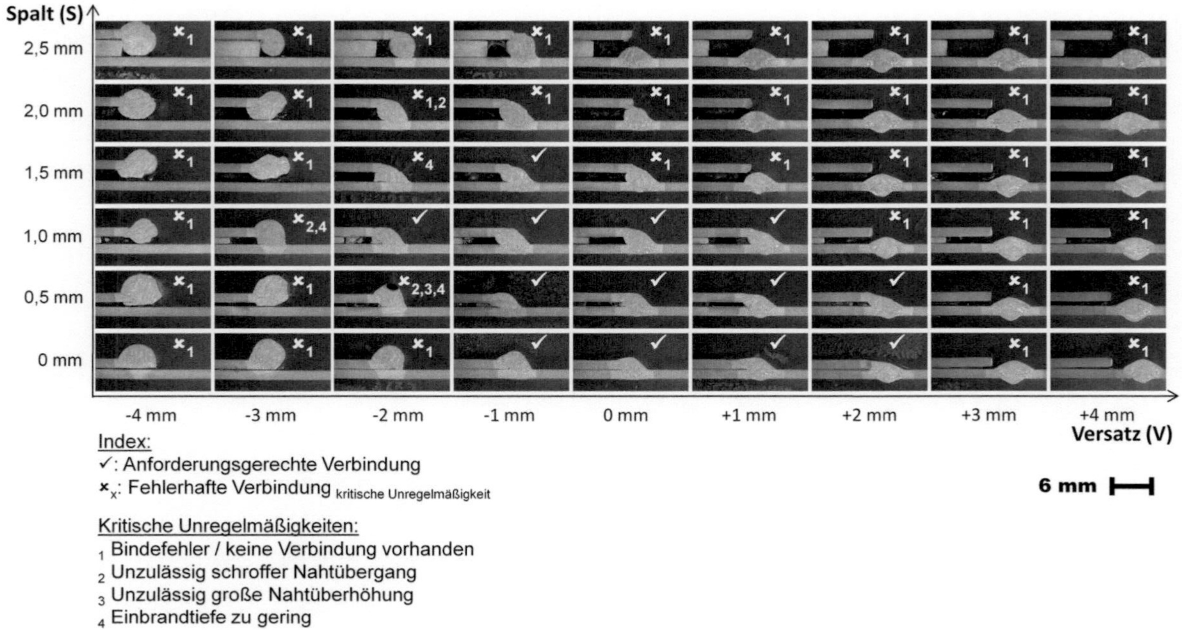

Abbildung D.1.: Makroschliffe der MSG-Schweißung: **Grundparameter** bei unterschiedlichen Spalten (vertikal) und Kantenversätzen (horizontal)
(v_D = 5 m/min, v_S = 12 mm/s, Werkstoff: H340LAD Z100 t = 1,5 mm, Schweißposition: PB, Zusatzdraht: EN440:G3SI1 d = 1,0 mm, Schutzgas: 82% Ar und 18% CO_2)

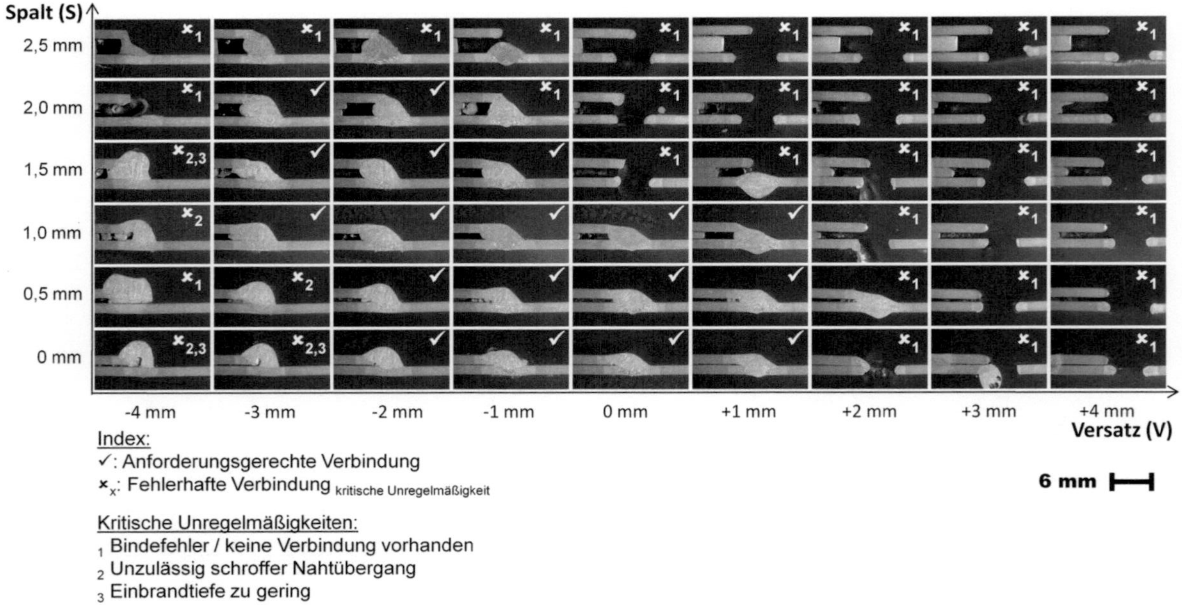

Abbildung D.2.: Makroschliffe der MSG-Schweißung: **Erhöhte Drahtvorschubgeschwindigkeit I** bei unterschiedlichen Spalten (vertikal) und Kantenversätzen (horizontal)
(v_D = 7 m/min, v_S = 12 mm/s, Werkstoff: H340LAD Z100 t = 1,5 mm, Schweißposition: PB, Zusatzdraht: EN440:G3SI1 d = 1,0 mm, Schutzgas: 82% Ar und 18% CO_2)

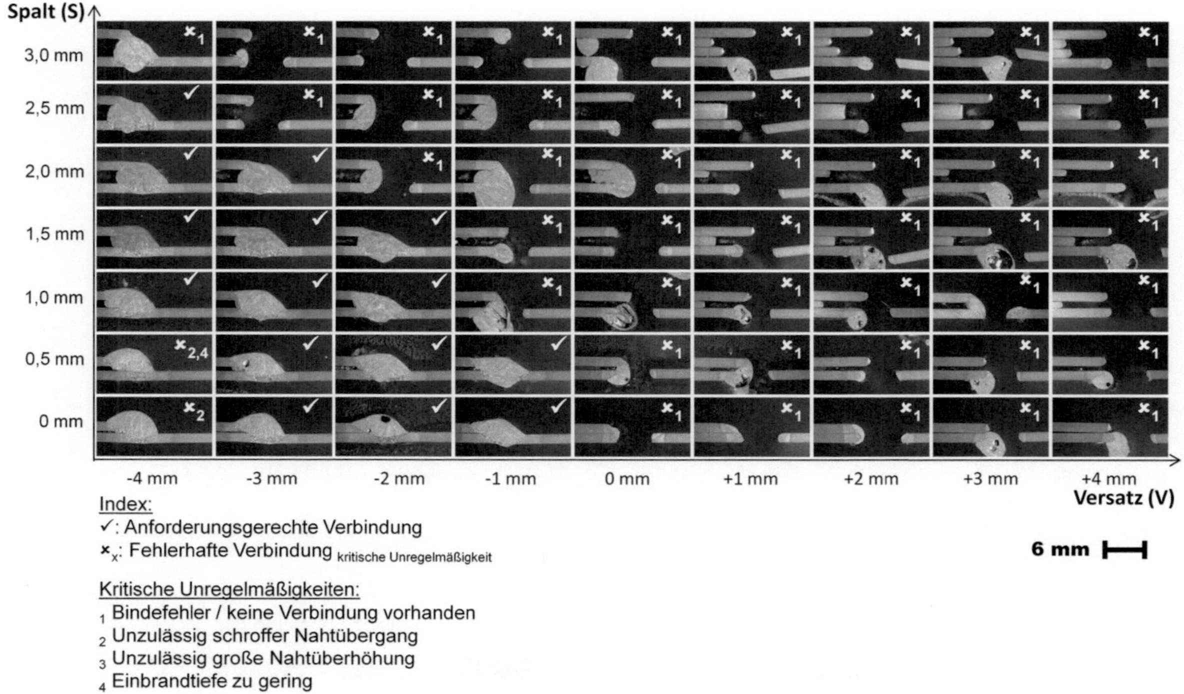

Abbildung D.3.: Makroschliffe der MSG-Schweißung: **Erhöhte Drahtvorschubgeschwindigkeit II** bei unterschiedlichen Spalten (vertikal) und Kantenversätzen (horizontal)
(v_D = 9 m/min, v_S = 12 mm/s, Werkstoff: H340LAD Z100 t = 1,5 mm, Schweißposition: PB, Zusatzdraht: EN440:G3SI1 d = 1,0 mm, Schutzgas: 82% Ar und 18% CO_2)

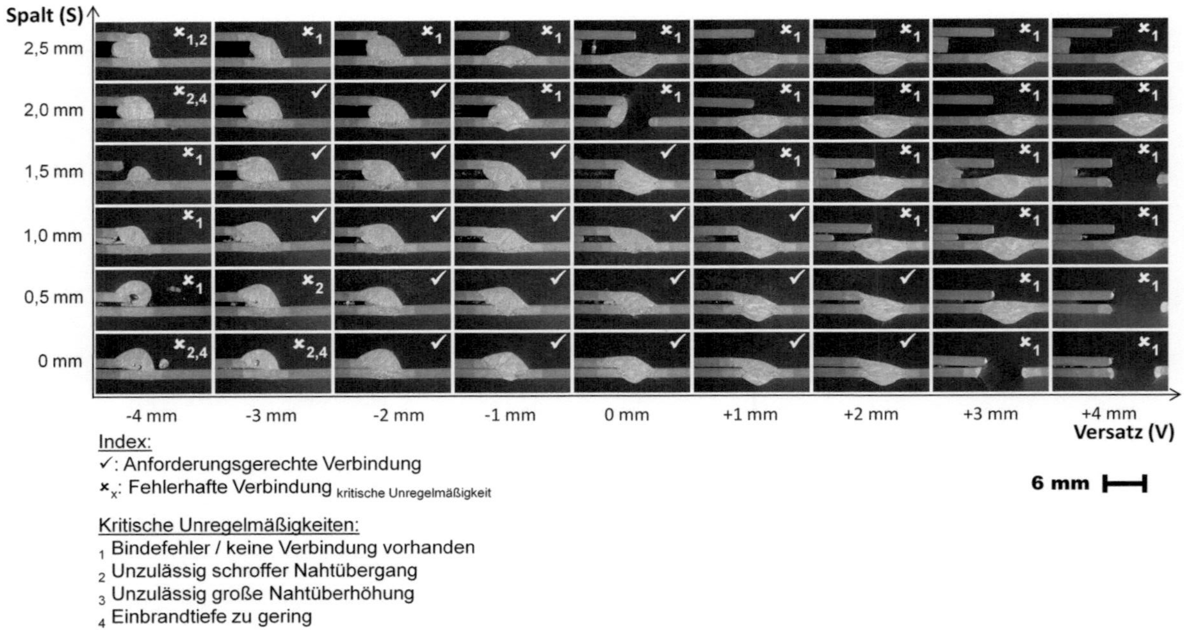

Abbildung D.4.: Makroschliffe der MSG-Schweißung: **Reduzierte Schweißgeschwindigkeit** bei unterschiedlichen Spalten (vertikal) und Kantenversätzen (horizontal)
(v_D = 5 m/min, v_S = 8 mm/s, Werkstoff: H340LAD Z100 t = 1,5 mm, Schweißposition: PB, Zusatzdraht: EN440:G3SI1 d = 1,0 mm, Schutzgas: 82% Ar und 18% CO_2)

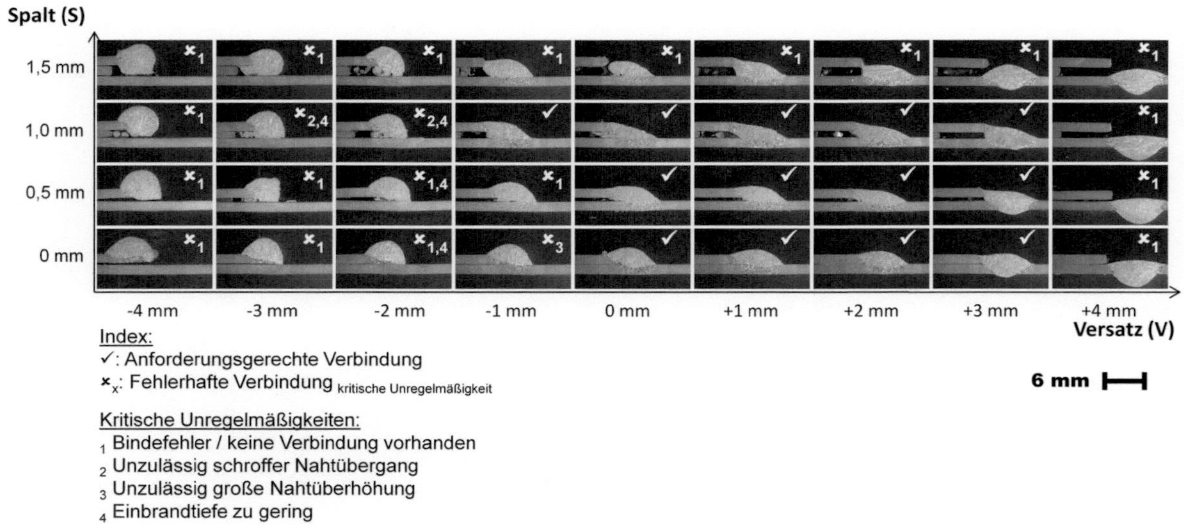

Abbildung D.5.: Makroschliffe der MSG-Schweißung: **Überlagerte Pendelbewegung** bei unterschiedlichen Spalten (vertikal) und Kantenversätzen (horizontal)
(Bewegung sinusförmig mit Amplitude 4 mm und Periode 1 mm, $v_D = 3$ m/min, $v_S = 4$ mm/s, Werkstoff: H340LAD Z100 t = 1,5 mm, Schweißposition: PB, Zusatzdraht: EN440:G3SI1 d = 1,0 mm, Schutzgas: 82% Ar und 18% CO_2)

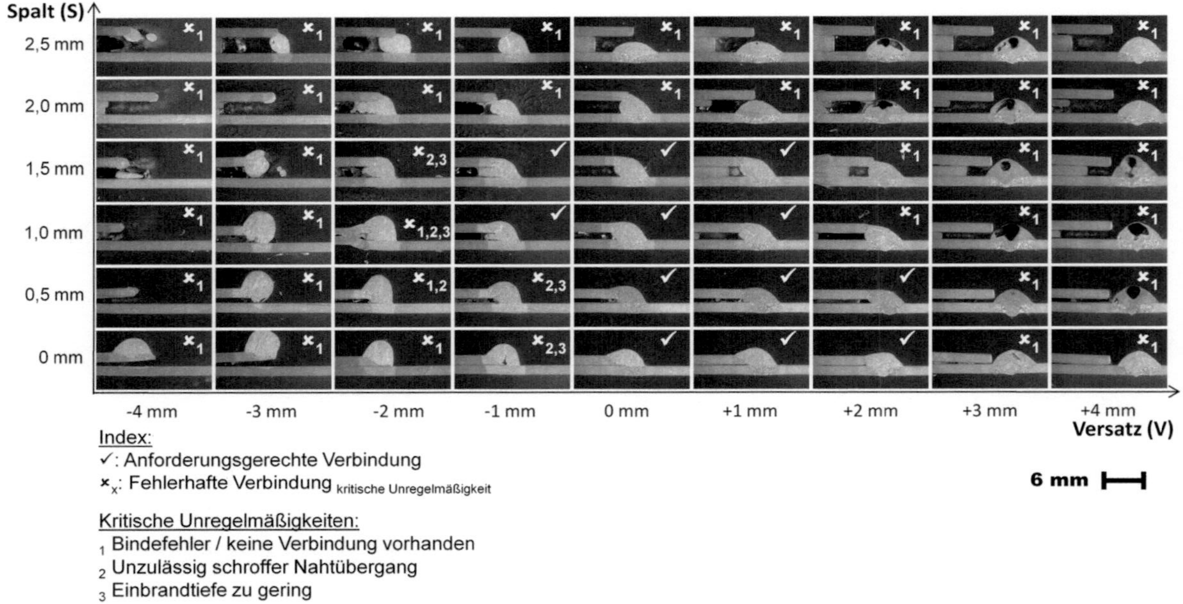

Abbildung D.6.: Makroschliffe der MSG-Schweißung: **Wärmereduzierte Verfahrensvariante I** bei unterschiedlichen Spalten (vertikal) und Kantenversätzen (horizontal)
(CMT, v_D = 7 m/min, v_S = 10 mm/s, Werkstoff: H340LAD Z100 t = 1,5 mm, Schweißposition: PB, Zusatzdraht: EN440:G3SI1 d = 1,0 mm, Schutzgas: 82% Ar und 18% CO_2)

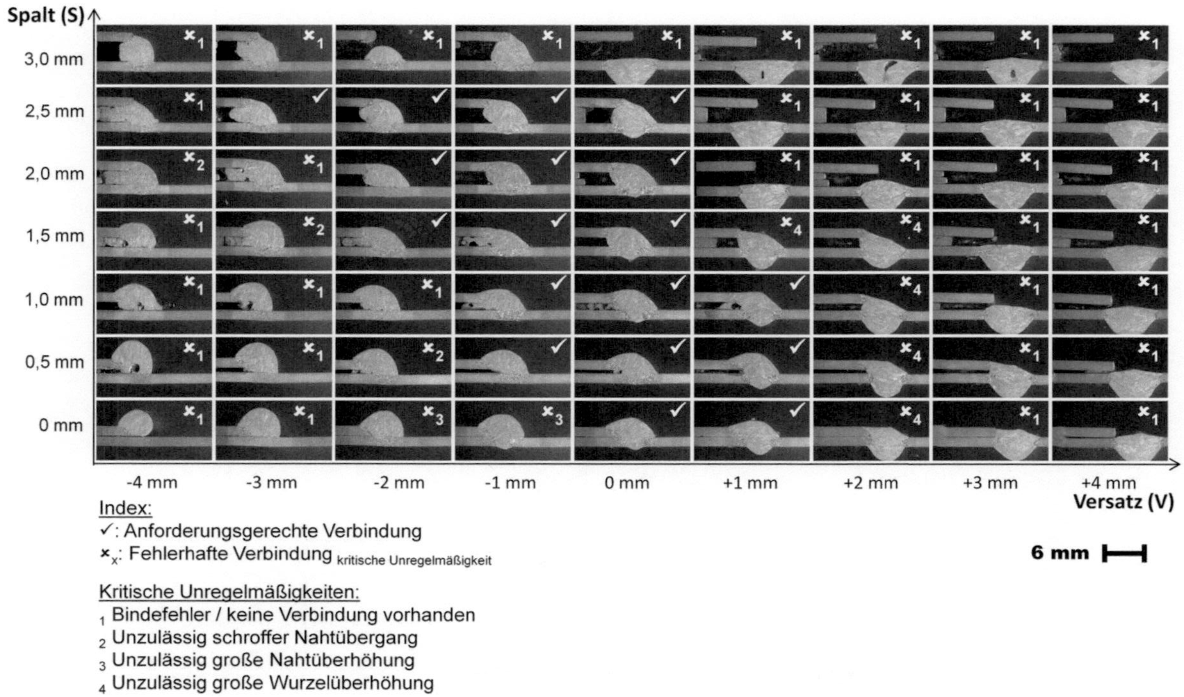

Abbildung D.7.: Makroschliffe der MSG-Schweißung: **Wärmereduzierte Verfahrensvariante II** bei unterschiedlichen Spalten (vertikal) und Kantenversätzen (horizontal)
(CMT, $v_D = 7$ m/min, $v_S = 6$ mm/s, Werkstoff: H340LAD Z100 t = 1,5 mm, Schweißposition: PB, Zusatzdraht: EN440:G3SI1 d = 1,0 mm, Schutzgas: 82% Ar und 18% CO_2)

E. Einzelergebnisse der Sichtprüfung und der Metallografischen Untersuchung - Laserstrahlschweißen

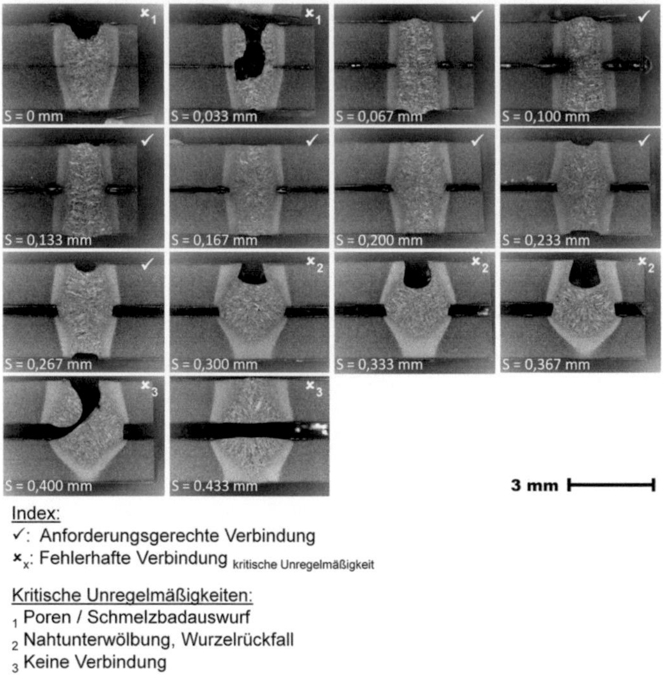

Abbildung E.1.: Makroschliffe der Laserstrahlschweißungen: **Reduzierte Schweißgeschwindigkeit I** bei unterschiedlichen Spalten S = 0 mm (links oben) bis S = 0,433 mm (rechts unten)
(v_S = 2,5 m/min, d_F = 600 μm, P_L= 4 kW, Werkstoff: H340LAD Z100 t = 1,5 mm, Lasertyp: ND:YAG-Laser, Schweißposition: PA)

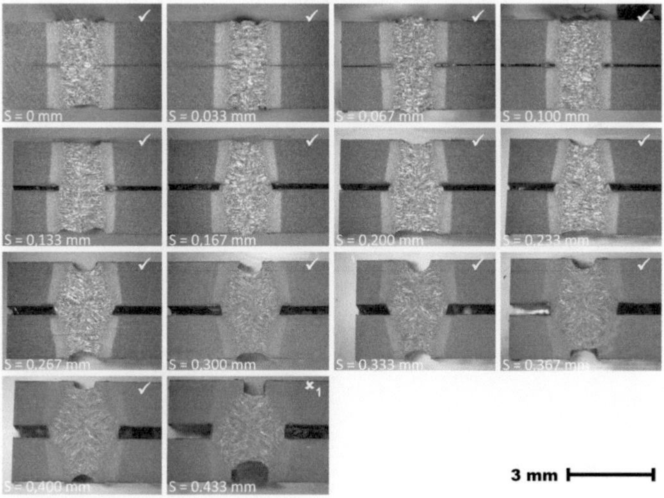

Abbildung E.2.: Makroschliffe der Laserstrahlschweißungen: **Reduzierte Schweißgeschwindigkeit II** bei unterschiedlichen Spalten S = 0 mm (links oben) bis S = 0,433 mm (rechts unten)
(v_S = 2,0 m/min, d_F = 600 μm, P_L= 4 kW, Werkstoff: H340LAD Z100 t = 1,5 mm, Lasertyp: ND:YAG-Laser, Schweißposition: PA)

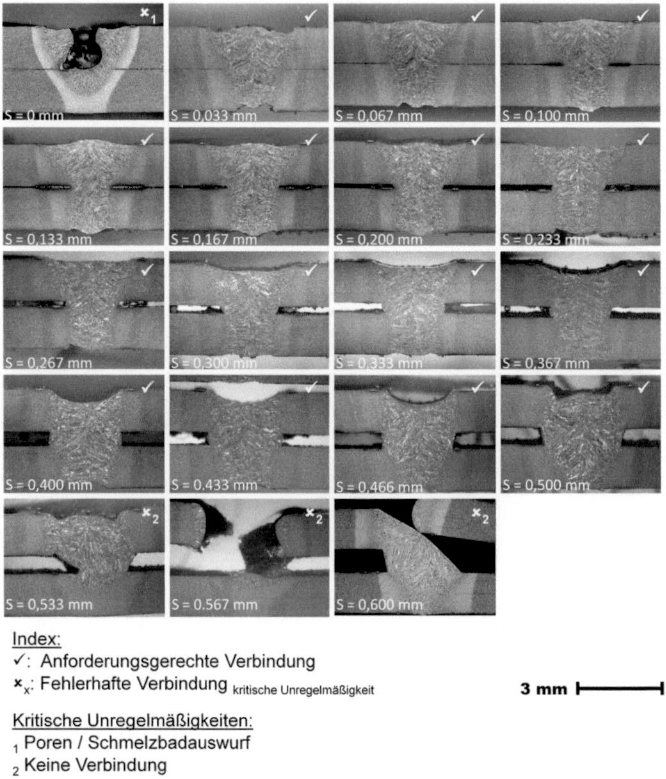

Abbildung E.3.: Makroschliffe der Laserstrahlschweißungen: **Vergrößerter Fokusdurchmesser** bei unterschiedlichen Spalten S = 0 mm (links oben) bis S = 0,600 mm (rechts unten)
(v_S = 1,5 m/min, d_F = 1200 μm, P_L= 4 kW, Werkstoff: H340LAD Z100 t = 1,5 mm, Lasertyp: ND:YAG-Laser, Schweißposition: PA)

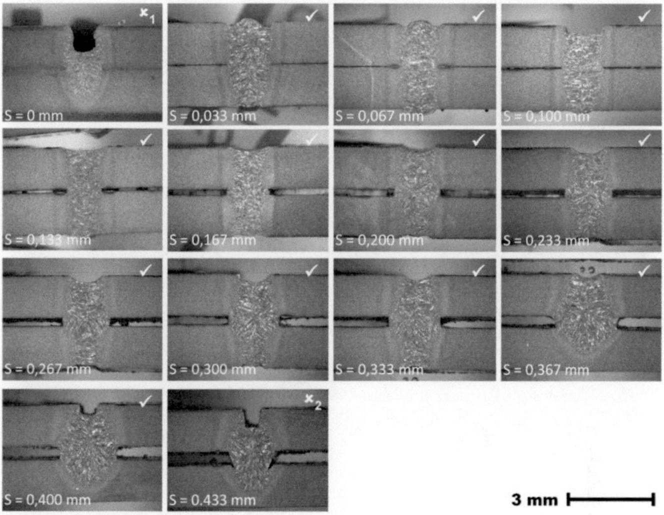

Index:
✓: Anforderungsgerechte Verbindung
×ₓ: Fehlerhafte Verbindung kritische Unregelmäßigkeit

Kritische Unregelmäßigkeiten:
1 Poren / Schmelzbadauswurf
2 Nahtunterwölbung, Wurzelrückfall

Abbildung E.4.: Makroschliffe der Laserstrahlschweißungen: **Mit Zusatzwerkstoff** bei unterschiedlichen Spalten S = 0 mm (links oben) bis S = 0,433 mm (rechts unten) ($v_S = 3{,}0$ m/min, $d_F = 600\ \mu m$, $v_D = 2$ m/min, $P_L = 4$ kW, Werkstoff: H340LAD Z100 t = 1,5 mm, Lasertyp: ND:YAG-Laser, Schweißposition: PA)

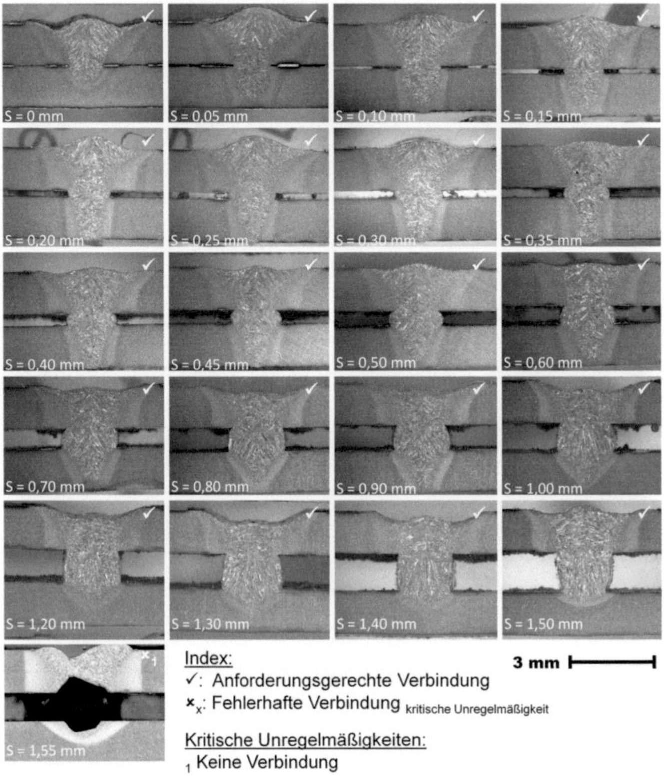

Abbildung E.5.: Makroschliffe der Laserstrahlschweißungen: **MSG-Laser-Hybridschweißungen** bei unterschiedlichen Spalten S = 0 mm (links oben) bis S = 1,55 mm (links unten)
(v_S = 3,0 m/min, d_F = 600 μm, P_L= 4 kW, Lasertyp: ND:YAG-Laser; MSG: I = 100 A, v_D = 4,1 m/min, Zusatzdraht: EN440:G3SI1 d = 1,0 mm, Schutzgas: 82% Ar und 18% CO_2, Werkstoff: H340LAD Z100 t = 1,5 mm, Schweißposition: PA)

F. Einzelergebnisse bei der Ermittlung der Schweißstromeinstellbereiche - Widerstandspunktschweißen

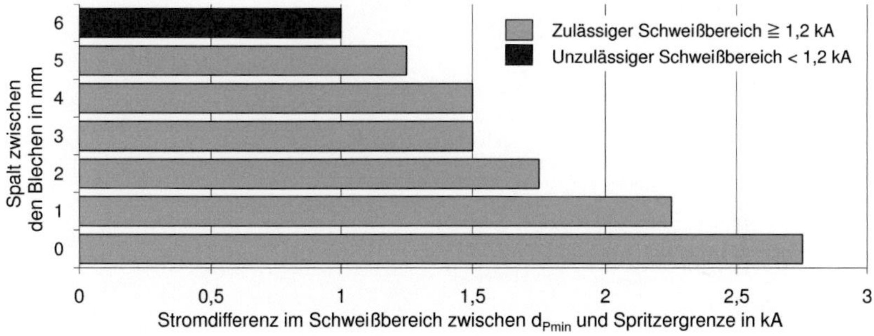

Abbildung F.1.: Schweißstromeinstellbereich in Abhängigkeit vom Spalt bei dem Widerstandspunktschweißen: **Verlängerte Schweißzeit** (t_S = 600 ms F_{Schw} = 3,5 kN, Werkstoff: H340 LAD Z100 t = 1,5 mm, Elektrodenkappen: DIN EN ISO 5821 - F16 x 20 aus CuCr1Zr) für einen variablen Spalt

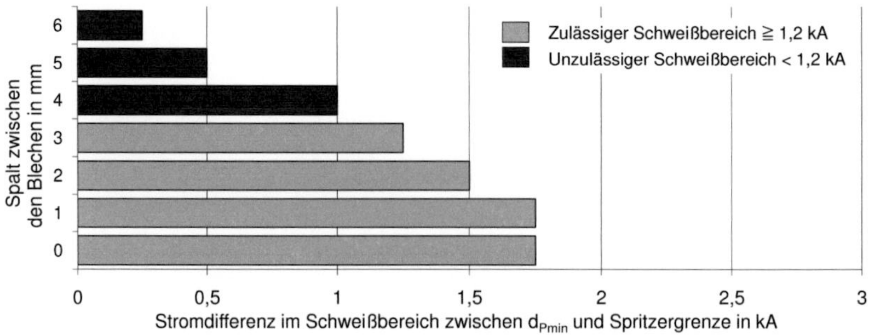

Abbildung F.2.: Schweißstromeinstellbereich in Abhängigkeit vom Spalt bei dem Widerstandspunktschweißen: **Erhöhte Schweißkraft** ($t_S = 200$ ms; $F_{Schw} = 5{,}0$ kN, Werkstoff: H340 LAD Z100 t = 1,5 mm, Elektrodenkappen: DIN EN ISO 5821 - F16 x 20 aus CuCr1Zr) für einen variablen Spalt

G. Einzelergebnisse des 15-Punkte-Tests für das Widerstandspunktschweißen

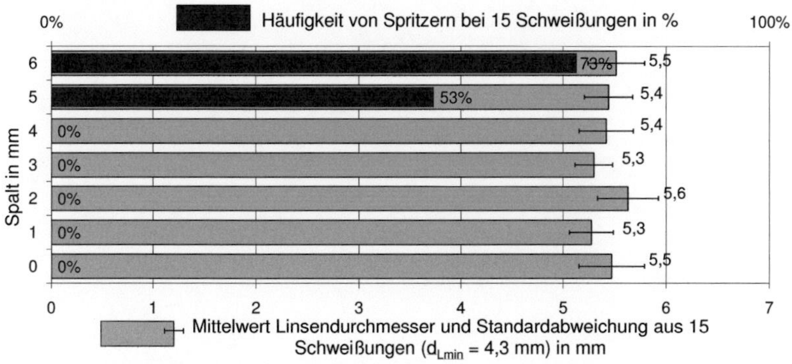

Abbildung G.1.: Mittelwert der Linsendurchmesser und die Häufigkeit der aufgetretenen Spritzer in Abhängigkeit vom Spalt bei dem Widerstandspunktschweißen: **Verlängerte Schweißzeit** (t_S = 600 ms; F_{Schw} = 3,5 kN; I_{empf} = 9,2 kA, Werkstoff: H340 LAD Z100 t = 1,5 mm, Elektrodenkappen: DIN EN ISO 5821 - F16 x 20 aus CuCr1Zr) für einen variablen Spalt

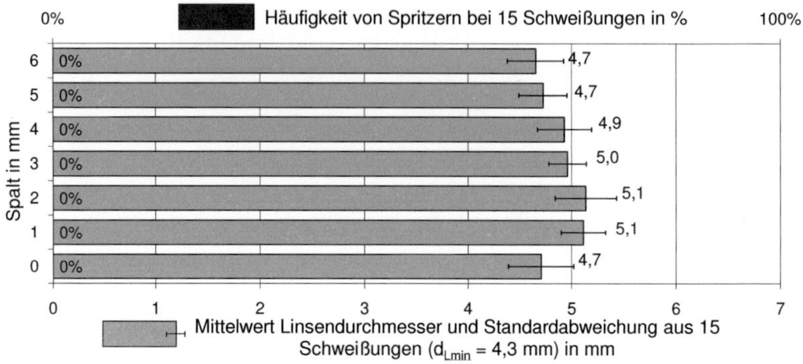

Abbildung G.2.: Mittelwert der Linsendurchmesser und die Häufigkeit der aufgetretenen Spritzer in Abhängigkeit vom Spalt bei dem Widerstandspunktschweißen: **Erhöhte Schweißkraft** (t_S = 200 ms; F_{Schw} = 5,0 kN; I_{empf} = 11,2 kA, Werkstoff: H340 LAD Z100 t = 1,5 mm, Elektrodenkappen: DIN EN ISO 5821 - F16 x 20 aus CuCr1Zr) für einen variablen Spalt

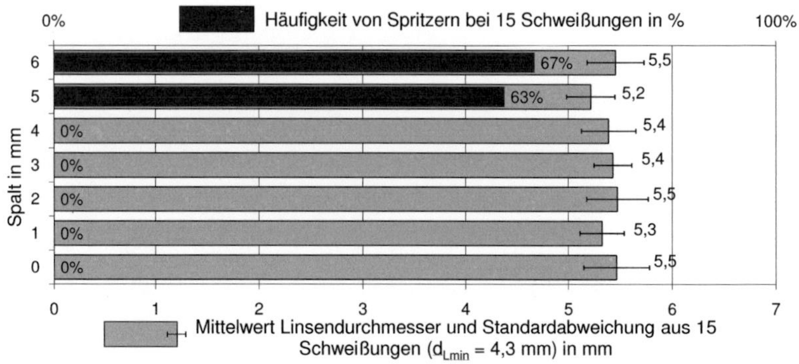

Abbildung G.3.: Mittelwert der Linsendurchmesser und die Häufigkeit der aufgetretenen Spritzer in Abhängigkeit vom Spalt bei dem Widerstandspunktschweißen: **Mit Regelung** (IQR-Regelung, Werkstoff: H340 LAD Z100 t = 1,5 mm, Elektrodenkappen: DIN EN ISO 5821 - F16 x 20 aus CuCr1Zr) für einen variablen Spalt